# 基于标识签名的
# 唯证据构架赛博安全

南湘浩 著

电子工业出版社
Publishing House of Electronics Industry
北京·BEIJING

## 内 容 简 介

2000年代，信息安全转入赛博安全，从理论、逻辑、技术到策略等均发生了一系列变化。其中，在鉴别逻辑中不再把信任作为主体认证的依据，于是不依赖信任关系证明主体真实性成为迫切需要突破的难题。本书总结了20年来赛博安全的关键技术，并给出了解决方案。第一个关键技术是创设标识与密钥一一映射的公钥体系，其中，公钥是由验证方根据证明方标识直接计算的。第二个关键技术是创建基于证据的鉴别逻辑，证据是可验证的，可作为"信息自主"的依据。由于赛博空间均由实体构成，只要能够证明每个实体的真实性，就等于解决了赛博安全问题。因此，主体鉴别技术是赛博安全的重大进展。

本书适合作为网信安全理论研究者、网信安全总体设计者、应用技术开发人员，以及相关专业硕士研究生、博士研究生和教师的参考用书。

未经许可，不得以任何方式复制或抄袭本书之部分或全部内容。
版权所有，侵权必究。

**图书在版编目（CIP）数据**

基于标识签名的唯证据构架赛博安全 / 南湘浩著.
北京：电子工业出版社，2025. 8. -- ISBN 978-7-121-50720-5

Ⅰ．TP393.08

中国国家版本馆CIP数据核字第2025KF6763号

责任编辑：刘小琳　　　　　文字编辑：牛嘉斐
印　　刷：三河市双峰印刷装订有限公司
装　　订：三河市双峰印刷装订有限公司
出版发行：电子工业出版社
　　　　　北京市海淀区万寿路173信箱　邮编：100036
开　　本：720×1 000　1/16　印张：12.75　字数：198千字
版　　次：2025年8月第1版
印　　次：2025年8月第1次印刷
定　　价：68.00元

凡所购买电子工业出版社图书有缺损问题，请向购买书店调换。若书店售缺，请与本社发行部联系，联系及邮购电话：（010）88254888，88258888。
质量投诉请发邮件至zlts@phei.com.cn，盗版侵权举报请发邮件至dbqq@phei.com.cn。
本书咨询联系方式：liuxl@phei.com.cn，（010）88254538。

# 前 言 / Forword

信息安全的研究对象经历了从集团化封闭的局域网到个人化开放的广域网的重大转变，其研究任务也经历了从局域网数据鉴别到互联网用户鉴别的变化，目前正处于物联网的实体鉴别的阶段。

本书以开放的广域网的新视野分析了数据安全、网络安全、系统安全和交易安全，并探索了安全的共性和实质，通过物联网的实体鉴别和事联网的事件鉴别，找到了通向赛博安全的新方法。赛博安全将安全的重点从数据加密提高到真伪鉴别；将研究基点从形象的物理网络提高到抽象的鉴别网络；将安全策略从被动防护提高到主动管理；将证明逻辑从基于行为的信任逻辑和基于模型推理的相信逻辑提高到基于证据的真值逻辑；最终将示证系统和验证系统统一起来构建唯证据的安全构架。

在唯证据构架的赛博安全研究中，开始触及信息安全新、旧概念的碰撞及理解的冲突。这些冲突涉及安全理论、证明逻辑、实现技术、安全策略等主要方面，关系信息安全事业的成败。因此希望通过广泛讨论，使我们的认识适应新情况的发展。

为了阅读方便，本书先提出十个需要理解的概念。

一是"信任关系"的概念。在传统的信息安全研究中，信任关系一直是信息安全的理论基础。例如，口令认证，双方具有相同的口令就可以建立互信关系。但是后来发现信任关系并不是安全的必备条件，信息战的经验证明，在信息系统中信任的转移会引起权力的转移，而权力的转移已成为新的安全威胁。根据美国和中国的经验，要摆脱信任逻辑的束缚并不是一件容易的事。2005年，在美国总统信息技术顾问委员会（PITAC）的《赛博安全：优先项目危机》中明确提出"互相怀疑"是赛博的安全原则，鉴别技术是赛博的主要任务。过了15年之后，美国联邦政府在"零信任构架"中重新提出"永不信任，总要验证"的要求。中国的情况则有过之而无不及，甚至有的专家认为，零信任构架的目的是从无信任达到真正信任，仍然站在信任逻辑的立场谈零信任。看起来概念的转变并非易事。如果我们的概念停留在以数据安全为主的局域网信任逻辑时代，就不能满足以用户安全为主的广域网零信任时代的新要求。零信任不是说信任不重要，而是说信任关系无助于真伪鉴别。建立信任关系并不是信息安全的主要任务，而提供真实性证据才是信息安全的主要任务。

二是"自主可控"的概念。自主可控不仅存在于赛博安全领域，也存在于生产领域，不仅有技术要求，也有政治要求，因此，对同一个"自主可控"，可以产生多种不同理解。无论是从制造业技术角度还是从信息安全技术角度，自主可控与政治角度理解的国产化、主权等没有关系。信息安全的自主可控不是新问题，而是访问控制机制，中文的概念一直很清楚，通俗的解释是"我的安全我做主"。这准确地刻画了公众对自己的信息要自己做主的特点。中文中"自主"的概念很清楚，混乱是由理解错误和翻译错误引起的。英文的表述混乱是因为英语中没有"自主"一词。20世纪70年代诞生了数据共享的数据库，于是Denning提出了数据库访问的两个安全策略：Discretionary（随意）和Mandatory（强制）。中文就准确地翻译成了自主控制和强制控制。在美国总统指令PDD63中，Discretionary被换成了Assurance（把握），想表达自主的意思。

三是"实体鉴别"的概念。赛博空间是由实体构成的，而实体则由标识和本体组成。其中，标识是一个实体区别于其他实体的唯一标志，因此标识代表一个实体。标识鉴别是实体鉴别的基础，只要解决标识真实性证明问题，其他实体的真实性证明问题也就迎刃而解了。2006年，中国民间QNS工作室就提出了不同于"身份认证"的"标识鉴别"概念,并解决了标识真实性证明问题。在新技术应用研究中,任何实体真实性证明都离不开标识鉴别,在标识鉴别基础上,其他安全性证明就像堆积木一样简单。但是要实现标识鉴别,首先必须有在标识和密钥之间建立一一对应的映射的技术,还要有使验证者自行验证的技术。这应该是信息安全领域重要的技术突破,但是很可惜没被国人所认识,人们禁锢在信任逻辑的束缚中,只简单地认为标识鉴别就是所谓的身份认证,而身份认证用简单的口令认证就可以解决。美国已经公布了"零信任构架",第一次形成"标识"的概念,将 Identifier 作为标识,与 Identity(身份)区别开来。可以说美国在主体鉴别技术的研究中取得了很大进步,因为主体鉴别只能在标识鉴别的基础上才能进行。现在美国虽然认识到了标识的存在,但是要解决标识真实性证明问题,还需走很长一段路。

四是"赛博安全"的概念。中文中的"信息"有双重含义:一是具体名词,如消息、咨询、情报等,相当于英文的 information;二是抽象名词,如信息化战争、信息化社会中的信息等,相当于英文的 Cyber。实际上我们早就准确地使用了 Cyber 的概念,如信息化办公室、信息化部队等,中文的信息已涵盖了赛博。因此,将 Cyber 称为信息或赛博均可以,但不能称为网络空间(Network Space),因为网络空间的概念和 Cyber 的概念相差甚远。例如,在微创手术中使用的 Cyber knife 是赛博刀或信息刀,不能称为"网络空间刀"。任何空间都是由实体组成的,于是就产生了"物联网"(IoT)的概念,其研究对象当然是实体的真实性。实体之间的相互作用引起事件,于是就产生了"事联网"(IoE),其研究的对象当然是事件的真实性。因此,可以说,Cyber 安全的研究对象是实体鉴别和事件鉴别,并不是漫无边际的"网络空间"。有些信息安全专家也在谈论"网络空间安全",但却不知道"网络空间安全"的研究对象是什么。

五是"我方识别"的概念。敌友识别系统是在军事上常用的识别系统。友方识别采用的策略是"非友即敌",而敌方识别采用的策略是"非敌即友"。两种策略的方法均为有效方法。在信息安全领域,在被动防御策略的引导下,防火墙、防病毒等领域普遍采用敌方识别技术,成效也是有的,但总是被动地跟着敌方的发展而发展。现在进入主动管理的时代,我方识别技术是主动管理的基础。我方识别的主动权全在于己方,非常容易实现,但提出了更高的技术要求,即需要构建示证系统和验证系统。我国公安部给每个居民颁发了居民身份证,为身份管理带来极大方便,这是历史性的创举。美国国家安全部称:身份管理是社会管理和信息系统管理的核心,于是美国政府把身份鉴别正式作为国家发展战略,但是没有解决实现技术的问题。我方识别的基础技术是身份鉴别。我方识别技术可广泛应用于网络接入识别、软件真伪识别、交易真伪识别等方面,并可贯穿自主可控安全策略。

六是"身份认证"的概念。长期以来,人们把"身份认证"理解成"身份鉴别"。认证(Certification)是"资格"的证明,鉴别(Authentication)是"真伪"的证明。认证和鉴别都是证明技术,但证明的方法和证明的结论是不相同的。身份认证只是建立信任关系,而建立信任的原则是"你有的我也有""你加的密我能脱""你签的名我能验证"。信任关系的建立不等于身份鉴别,因为口令码是对的,但没有证明是谁的口令;同样,签名是验证了,但没有证明是谁的签名。信任是多义的,且不能证明主体的真实性。身份认证的对象是抽象的主体,认证的依据是信任;而身份鉴别的对象是具体的主体,即作为主体的张三或李四,鉴别的依据是证据,结论是单义的,只是"是"或"否"。基于信任的数字签名只能证明公私钥的成对性,以此作为建立信任关系的依据,但无法提供身份真实性的证据。

七是"CA 认证"的概念。与交易当事双方无关的一方,有两种:CA(证书认证机构)和 KMC(密钥管理机构)。CA 是第三方,是广域网的产物,KMC 是主管方,是局域网的产物,但两者的技术体制均可用于有边界的局域网,也可以用于无边界的广域网。在网络通信中需要认证或鉴别,证明的方法有两种,一是自身不能提供真实性证明的,如知识产权,只有专利局才能证明其所属权。又如,"我没有犯罪记录",只有公安机关才能证明。二是自身可以提供真实性证明的,如指纹、DNA等生物特征,不用第三方证明。现在在信息系统中靠第三方提供真实性证明的最典型的是PKI的CA。证明方的公钥经过了CA的证明,以公钥证书的形式发给用户使用,那么CA的真实性由谁来证明?在解决主体鉴别难题之前,CA的真实性是无法证明的,因此只能靠信任关系,做不到证明的客观性和完备性。

八是"数字签名"的概念。数字签名标准(Digital Signature Standard,DSS)是以局域网数据鉴别为主的信任逻辑时代的产物,根据"你用私钥签名,我用公钥验证",如果验证通过则可建立信任关系,其原理与口令认证相似。顾名思义,签名应该签的是"名",而DSS只证明了公私钥的一对性,没有"名"的影子。因此,DSS不具有签名功能,不能满足在广域网主体鉴别的要求。赛博安全所需要的是能够对三体真实性提供证据的证明,这就是本书将要介绍的"标识签名",简称IDS(Identifier Digital Signature),以与DSS相区别。只有基于标识鉴别基础的标识签名,才能成为广域网自主管理型安全的真实性、溯源性、所属性和负责性的证据。

九是"加密技术"的概念。加密技术是用密码实现的数据保密技术,而密码则是将明文变为密文、将密文变为明文的对称变换。密码主要应用于军事、外交等领域。但是现在由军事、外交的集团化加密技术逐渐发展为民间的个体化加密技术,向公众化方向发展。在美国,除军事、外交外,联邦政府、州政府、公司、个人不能产生密级文件,由此催生了公众密码。公众密码是全社会都可以用的密码,用于隐私的加密。如果是用在远程通信,则由非对称公钥体制保护数据加密密钥才行。在公众网上,因为封闭的分粒度缩小到了交信双方,所以不再需要额外分等级的管理。后来出现了分组密码，因为分组密码的技术要求不是很高，因此得到了迅速的发展，并完全取代了序列密码，美军用的 KW7 电子密码机也变成了私人收藏品。在个体化的通信中，军事的、民间的差别不再存在，因此民间的密码技术可用于军事，军事密码技术也可以用在民间。在公众密码的发展中有个概念必须纠正，认为保密强度越高越好，于是有人提出"理论可证安全"等不切实际的命题，追求永远破解不开的密码。美军曾有过 5 分钟保密机，只有 5 分钟的保密时间，因为 5 分钟后就不再是秘密了。保密都有解密期，没有永远的秘密。在美国总统信息技术咨询委员会的报告中批评了有些密码工作者只求安全性，不考虑实用性的错误倾向。正如一位国际著名专家所说，"理想的密码不好用，在用的密码都有缺陷"。实际上，满足需求的密码就是最好的密码。

十是"复制攻击"的概念。无论是现实世界还是逻辑世界，复制作案或复制攻击是普遍存在的安全威胁。现实世界的防复制都是用物理的方法解决的，逻辑的方法是无能为力的；而逻辑世界的防复制无论是物理的方法还是逻辑的方法都是无能为力的。对信号的复制攻击则易如反掌，如对卫星的遥控信号的复制攻击，对无人机遥控信号的复制攻击等。有些人认为遥控信号的发射是瞬时性的，不太可能被复制。实际上，僵尸网络有 600 台服务器，在全球范围内专门收集信号进行 DoS 攻击。对信号的加密是不能防复制攻击的，因为被复制的信号到了接收端经过脱密，就恢复成原信号。复制攻击使一个相同的指令重复执行，执行很多次，如向右偏的指令重复执行后就会偏离轨道，迷失方向。在信息系统中，防复制攻击本来就是很难的课题，但却容易被忽略。既然复制攻击是不能正面解决的，那么只能快速发现，不让它起作用。

总之，物联网和事联网的安全是通过标识到标识的逻辑链接构建可证逻辑网络技术来保证的，因此从安全技术的角度来讲，赛博空间是各种逻辑链接的集中和提升。我强烈预感到赛博安全的主战场将由军事、外交的情报与反情报的斗争转变为银行系统的欺诈和反欺诈的斗争。逻辑链接使赛博安全理论成为完全独立的理论，不再受通信体制的约束。逻辑链接是平面化、个体化的广域网。每个棋盘格均可代表任何实体，如个人、商店、银行等，任何格之间都能形成可证链接，为网民提供各种服务。

作者

2023 年 4 月

# 目 录 / Contents

## 第 1 部分　理论篇

### 第 1 章　组合公钥 ... 3

- 1.1　CPK（2003） ... 4
  - 1.1.1　组合原理 ... 4
  - 1.1.2　组合矩阵 ... 5
  - 1.1.3　密钥组合 ... 5
  - 1.1.4　安全性分析 ... 6
- 1.2　CPK（2023） ... 7
  - 1.2.1　种子数列 ... 7
  - 1.2.2　标识映射 ... 7
  - 1.2.3　密钥组合 ... 8
- 1.3　小结 ... 8
- 参考资料 ... 9

### 第 2 章　CPK 运行协议 ... 11

- 2.1　密钥分发 ... 12
- 2.2　注册协议 ... 12
- 2.3　私钥申请 ... 13
- 2.4　开机密钥 ... 15
- 2.5　私钥保护 ... 16
- 2.6　公证中心 ... 16
- 2.7　标识签名 ... 17

2.8 密钥加密 ·································································· 18

2.9 小结 ······································································ 19

## 第 3 章 动态分组 ··························································· 21

3.1 编制结构 ·································································· 22

    3.1.1 置换表 disk ························································ 22

    3.1.2 代替表 subst ······················································ 23

    3.1.3 模 Q 移存器 ························································ 24

    3.1.4 密钥派生 ··························································· 26

3.2 加密过程 ·································································· 26

    3.2.1 不定次单代说明 ··················································· 26

    3.2.2 数据分散 ··························································· 27

    3.2.3 左向累加 ··························································· 27

    3.2.4 第一次置换 ························································ 27

    3.2.5 右向累加 ··························································· 28

    3.2.6 第二次置换 ························································ 28

    3.2.7 数据集中 ··························································· 28

    3.2.8 不定次单代 ························································ 28

3.3 小结 ······································································ 29

## 第 4 章 证明逻辑 ··························································· 31

4.1 基于信任的证明逻辑 ··················································· 32

    4.1.1 相信逻辑 ··························································· 32

    4.1.2 信任逻辑 ··························································· 33

    4.1.3 DSS 的认证协议 ··················································· 35

    4.1.4 PKI 的认证系统 ··················································· 35

4.2 基于证据的证明逻辑 ··················································· 36

    4.2.1 实体鉴别 ··························································· 37

  4.2.2 事件鉴别 ····················································· 39

  4.2.3 逻辑特点 ····················································· 41

参考资料 ····························································· 42

## 第 5 章 信息自主 ································································· 43

5.1 概念的提出 ····························································· 44

5.2 自主的实现 ····························································· 45

5.3 自主的领域 ····························································· 46

5.4 自主可控点 ····························································· 47

参考资料 ····························································· 48

## 第 6 章 赛博安全 ································································· 49

6.1 时代变迁 ······························································· 50

6.2 逻辑链接 ······························································· 51

6.3 核心技术 ······························································· 52

6.4 复合事件 ······························································· 54

6.5 小结 ····································································· 55

参考资料 ····························································· 56

## 第 7 章 实现技术 ································································· 57

7.1 加密技术 ······························································· 59

7.2 密钥技术 ······························································· 59

7.3 鉴别技术 ······························································· 60

7.4 自主技术 ······························································· 61

7.5 证明技术 ······························································· 62

  7.5.1 单步鉴别 ····················································· 62

  7.5.2 证明的客观性 ·············································· 62

  7.5.3 证明的普适性 ·············································· 63

7.5.4 证明的完备性 ............................................. 64

7.6 小结 ......................................................... 64

**参考资料** ....................................................... 66

## 第 8 章 两种构架 ............................................... 67

8.1 管理模式 ..................................................... 69

    8.1.1 分散模式 ............................................... 69

    8.1.2 集中模式 ............................................... 70

8.2 证明逻辑 ..................................................... 70

    8.2.1 信任逻辑 ............................................... 70

    8.2.2 鉴别逻辑 ............................................... 71

8.3 证明方法 ..................................................... 72

    8.3.1 PKI 证明方法 ........................................... 72

    8.3.2 CPK 证明方法 ........................................... 73

8.4 通信事件 ..................................................... 74

    8.4.1 CPK 通信事件 ........................................... 74

    8.4.2 PKI 通信事件 ........................................... 78

8.5 功能与性能 ................................................... 79

8.6 小结 ......................................................... 81

**参考资料** ....................................................... 81

## 第 2 部分　应用篇

## 第 9 章 CPK 虚拟网络 ............................................ 85

9.1 标识到标识的链接 ............................................. 86

9.2 链接的独立性 ................................................. 87

9.3 链接的扁平性 ................................................. 87

9.4 通信链接 ..................................................... 88

  9.4.1 发送协议 ········· 88
  9.4.2 接收协议 ········· 89
 9.5 交易链接 ············ 90
  9.5.1 受理协议 ········· 90
  9.5.2 采纳协议 ········· 91

## 第 10 章 CPK 虚拟内核 ········· 93

 10.1 可证内核 ············ 95
 10.2 加载控制 ············ 95
 10.3 执行控制 ············ 96
 10.4 内核实现 ············ 96
 10.5 授权策略 ············ 97
 10.6 小结 ··············· 98

## 第 11 章 CPK 数字印章 ········· 99

 11.1 核心技术 ············ 100
 11.2 基本印章 ············ 101
  11.2.1 标识印章 ········ 101
  11.2.2 复合印章 ········ 102
 11.3 存在形态 ············ 102
 11.4 印章特点 ············ 103
 11.5 印章应用 ············ 104
  11.5.1 防伪印章 ········ 104
  11.5.2 票据印章 ········ 104
  11.5.3 密级印章 ········ 105
 11.6 小结 ··············· 105

## 第12章　CPK 数字货币······107

### 12.1　基础技术······109
#### 12.1.1　标识签名技术······109
#### 12.1.2　密钥加密技术······110
#### 12.1.3　防复制机制······111
#### 12.1.4　支付货币和结算货币的统一······112

### 12.2　Hubee 的发行······113
#### 12.2.1　央行授权书······113
#### 12.2.2　商行授权书······114
#### 12.2.3　Hubee 模板······114

### 12.3　Hubee 的支付与流通······116
#### 12.3.1　Hubee 的填写······116
#### 12.3.2　通信层传输业务······117
#### 12.3.3　业务层受理业务······117

### 12.4　Hubee 的结算与存储······118
#### 12.4.1　Hubee 的银行结算······118
#### 12.4.2　Hubee 的结账通知······119
#### 12.4.3　Hubee 的存在形式······121

### 12.5　Hubee 的作用域······121

### 12.6　小结······123

### 参考资料······123

## 第13章　CPK 防伪标签······125

### 13.1　防伪数字印章······126
### 13.2　竖向证明链······127
### 13.3　横向证明链······128
### 13.4　证明链的有效性······129

13.5 防伪举例 ……………………………………………………… 130
  13.5.1 标价要素 …………………………………………………… 130
  13.5.2 收据要素 …………………………………………………… 131
  13.5.3 防伪要素 …………………………………………………… 131
  13.5.4 防伪验证显示 ……………………………………………… 131

# 第14章 CPK信号监控

14.1 CPK概要 ……………………………………………………… 135
14.2 标识定义 ……………………………………………………… 136
14.3 可证接入 ……………………………………………………… 136
14.4 加密传输 ……………………………………………………… 137
14.5 转发加密 ……………………………………………………… 138
14.6 可证存储 ……………………………………………………… 139
14.7 网络布局 ……………………………………………………… 140
14.8 密钥配发 ……………………………………………………… 141
14.9 小结 …………………………………………………………… 141

# 第15章 CPK文档存取

15.1 存取控制 ……………………………………………………… 145
  15.1.1 文档证书 …………………………………………………… 145
  15.1.2 授权证书 …………………………………………………… 146
  15.1.3 库哨控制 …………………………………………………… 146
15.2 文档存储 ……………………………………………………… 147
  15.2.1 存储形式 …………………………………………………… 147
  15.2.2 存储加密 …………………………………………………… 148
15.3 文档访问 ……………………………………………………… 149
  15.3.1 访问申请 …………………………………………………… 149
  15.3.2 范畴控制 …………………………………………………… 149

|       15.3.3 文件输出 | 150 |

## 15.4 表格存储 … 150

|       15.4.1 存储结构 | 150 |
|       15.4.2 存储控制 | 150 |
|       15.4.3 表格加密 | 151 |

## 第 16 章 CPK 网络态势 … 153

16.1 信息侦判依据 … 154

16.2 侦判数据生成 … 155

    16.2.1 通信事件 … 155

    16.2.2 软件事件 … 156

    16.2.3 交易事件 … 157

    16.2.4 脱密事件 … 158

16.3 侦判数据汇总 … 158

# 附录 … 161

  附录 A … 162

  附录 B … 164

  附录 C … 169

  附录 D … 172

  附录 E … 175

# 后记 … 182

# 生平著作 … 185

# 第1部分

## 理论篇

# 第 1 章

# 组合公钥

在现代公钥体制中，公钥的分发一直是一个难题。1984年，Shamir第一次提出将标识直接作为公钥的想法，并用整数分解难题构建了基于标识的公钥体制 IBC，尽管不成功，但为公钥体制的发展指明了方向。CPK 是将现有公钥体制变为基于标识的公钥体制的通用方法，在标识和密钥间建立一一对应的映射。现在 CPK 已形成为大家族，包括基于因子分解的 CPK-RSA、基于离散对数的 CPK-DLP、基于椭圆曲线的 CPK-ECC、基于圆锥曲线的 CPK-CCC、基于双线对的 CPK-BLP 等。下面以 CPK-ECC 为例，介绍 CPK（2003）。

# 1.1　CPK（2003）

### 1.1.1　组合原理

CPK（2003）是 2003 年公布的 CPK 原型方案。CPK-ECC 是在 ECC 体制基础上实现的基于标识的非对称公众密钥体制，密钥分为私有密钥和公有密钥。在有限域 $F_p$ 上，椭圆曲线 $E: y^2 \equiv (x^3 + ax + b) \bmod p$ 由参数 $(a, b, G, n, p)$ 定义。其中 $a, b$ 是系数，$a, b, x, y \in F_p$，$G$ 为加法群的基点，$N$ 是以 $G$ 为基点的群的阶。令任意小于 $N$ 的整数为私钥，则 $rG = R$ 为对应公钥。

ECC 具有复合特性：任意多对私钥之和与对应的公钥之和构成新的公私钥对。设私钥之和为 $(r_1 + r_2 + \cdots + r_m) \bmod n \equiv r$，则对应公钥之和为 $R_1 + R_2 + \cdots + R_m = R$（点加），那么，$r$ 和 $R$ 刚好形成新的私公钥对。这是因为

$$R = R_1 + R_2 + \cdots + R_m = r_1 G + r_2 G + \cdots + r_m G$$
$$= (r_1 + r_2 + \cdots + r_m) G = rG$$

同理，如果给定一个小于 $n$ 的整数 $k$，则有：如果 $r$ 和 $R$ 是一对私

公钥对，私钥 $r$ 的 $k$ 倍 $s$ 是新的私钥，那么 $R$ 的 $k$ 倍 $S$ 是对应的新的公钥，即 $k \cdot r = s$、$k \cdot R = s$；如果私钥 $r$ 加 $k$ 为 $t$，那么 $R$ 加 $K$ 是新的公私钥对 $T$，即 $r+k=t$、$R+K=T(K=kG)$。

### 1.1.2 组合矩阵

CPK 的组合矩阵分为私钥矩阵和公钥矩阵，分别用 $(r_{i,j})$ 或 $(R_{i,j})$ 表示，$r$ 是小于 $n$ 的 $h \times 32$ 个随机整数，$r$ 和 $R$ 的关系是 $kG=R$。

$$私钥矩阵 \qquad 公钥矩阵$$

$$(r_{i,j})=\begin{bmatrix} r_{0,0} & r_{0,1} & \cdots & r_{0,31} \\ r_{1,0} & r_{1,1} & \cdots & r_{1,31} \\ & & \cdots & \\ r_{h,0} & r_{h,1} & \cdots & r_{h,31} \end{bmatrix} \qquad (R_{i,j})=\begin{bmatrix} R_{0,0} & R_{0,1} & \cdots & R_{0,31} \\ R_{1,0} & R_{1,1} & \cdots & R_{1,31} \\ & & \cdots & \\ R_{h,0} & R_{h,1} & \cdots & R_{h,31} \end{bmatrix}$$

私钥矩阵 $(r_{i,j})$ 由 KMC 保有，用于私钥的生成，公钥矩阵 $(R_{i,j})$ 则由各实体（用户或设备）保有，用于公钥的生成。公钥矩阵 $(R_{i,j})$ 要由 KMC 签名公布。

### 1.1.3 密钥组合

标识到矩阵坐标的映射是由 YS 序列指示的，YS 序列是实体标识（Alice）在映射密钥 Hkey 作用下的 Hash 输出。以矩阵大小 32×32 为例：

$$YS = Hash_{Hkey}(Alice) = v_0, v_1, v_2, \cdots, v_{31}$$

其中，$v_i$ 是 5-bit 数，指的是行坐标，列坐标为自然序。Alice 的公私钥分别是：

$$\sum_{i=0}^{31}(r_{[v_i,i]}) \bmod n \equiv sk_{alice}$$

$$\sum_{i=0}^{31}(R_{[v_i,i]}) = PK_{ALICE}$$

私钥以英小斜下标标识$sk_{alice}$表示，公钥以英大斜下标标识$PK_{ALICE}$表示。

### 1.1.4 安全性分析

在研究中还发现了 CPK 矩阵存在无数个等价矩阵，如果能找到线性无关的等价矩阵，方程就能有唯一解。CPK 存在大量的等价矩阵，果然廖国鸿等人在 CPK（2003）基础上构造了等价的 32×32 线性无关矩阵，并用 3000 个私钥解出了方程的解，但当矩阵扩大到 512×32 时，等价矩阵的方法就无能为力了。因此，CPK 在共谋数不到 3000 的条件下，32×32 矩阵是安全的。另外，矩阵大小为 512×32 的时候，等价方程是无能为力的。因此，CPK 仍然是安全的。

为了将静态矩阵变为动态矩阵，在 CPK（2003）中设置了一个多层参数 fcc，由于各用户的 fcc 均不同，各用户使用 $\sum_{i=0}^{31}(R_{[v_i,i]}) = PK_{ALICE}$ 层次上的矩阵。方法是在映射序列中，多生成 $V_{32}$ 当成多层参数 fcc，并增设年度密钥：

$$YS = Hash_{Hkey}(Alice) = v_0, v_1, v_2, \cdots, v_{31}, v_{32}; fcc := v_{32}$$

$$(\sum_{i=0}^{31} r_{[v_i,i]} \times fcc + sk_{year}) \mod n \equiv sk_{alice}$$

其中，年度密钥是备用密钥，只是为了保护分层参数而设置的。年度密钥由中心统一定义，年度私钥 $sk_{year}$ 含在私钥中分发，年度公钥 $PK_{YEAR}$ 则公布，在公钥计算时一并计算。

层次参数 fcc 是可以防止等价矩阵的线性攻击的，但是当 fcc 是单个变量时，在消元运算中很容易被消掉。因此，只要设置两个以上分层参数，在参数间互相保护，那么参数就不会被消掉，方程就变为了矩阵方程和系数方程的混合方程。其中，系数方程的相关性是显然的，这样能够保证两个方程的线性相关性：

$$YS = \text{Hash}_{\text{Hkey}}(\text{Alice}) = v_0, v_1, \cdots, v_{16}, v_{17}, \cdots, v_{32}, v_{33};\ \text{fcc}_1 := v_{17}, \text{fcc}_2 := v_{33}$$

$$(\sum_{i=0}^{15} r_{[v_i, i]} \times \text{fcc}_1 + \sum_{i=17}^{32} r_{[v_i, i]} \times \text{fcc}_2 + \text{sk}_{year}) \bmod n \equiv \text{sk}_{alice}$$

## 1.2 CPK（2023）

### 1.2.1 种子数列

私钥的种子数组由 256 个小于 $n$ 的随机数组成，以 $r_i$ 标记，$i=0.255$。数组 $r_i$ 保密，由 KMC 保有，用于私钥的生成，公钥数组 $R_i$ 由私钥数组 $r_i$ 派生，$R_i = r_i \times G$，公钥数组公布，用于公钥的计算。公布的数组要有密钥管理中心（KMC）的签名，以确定作用域：

$$\text{Hash}(R_i) \to h;\quad \text{SIG}_{\text{sk}_{kmc}}(h) = (s, c)$$

### 1.2.2 标识映射

标识到数组坐标的映射是由 YS 序列指示的，YS 序列是实体标识（Alice）在映射密钥 Hkey 作用下的 Hash 输出。

$$YS = \text{Hash}_{\text{Hkey}}(\text{Alice}) = v_0, v_1, v_2, \cdots, v_{23};$$

YS 序列以字节（8-bit）输出，每三个变量组成一个 $\text{sk}_{cell}$ 私钥单位变量或一个 $\text{PK}_{CELL}$ 公钥单位变量。第一个 $\text{sk}_{cell}$ 或 $\text{PK}_{CELL}$ 的前两个变量，由 YS 序列的 $v_0$ 和 $v_1$ 作为种子数组的坐标，选出第 0 个和第 1 个数组变量 $r_{v_0}$，$r_{v_1}$ 或 $R_{V_0}$，$R_{V_1}$ 并取 $v_2$ 作为系数参数，将数组变量之和乘于系数参数形成第 1 个 $\text{sk}_{cell}$ 或 $\text{PK}_{CELL}$ 变量，如：

$$\text{sk}_{cell_i} \equiv ((r_{v_{i\times 3}} + r_{v_{i\times 3+1}}) \times v_{i\times 3+2}) \bmod n$$

$$PK_{CELL_i} = (R_{v_{i\times 3}} + R_{v_{i\times 3+1}}) \times v_{i\times 3+2}$$

其中，小写 $sk_{cell}$、$r_i$ 为私钥变量，大写 $PK_{CELL}$、$R_i$ 为公钥变量。

### 1.2.3　密钥组合

密钥由 8 个单元变量组合而成，Alice 的公私钥，如：

$$sk_{alice} \equiv (\sum\nolimits_{i=0}^{7} sk_{cell_i} + sk_{year}) \bmod n$$

$$PK_{ALICE} = \sum\nolimits_{i=0}^{7} PK_{CELL_i} + PK_{YEAR}$$

其中，$sk_{alice}$ 和 $PK_{ALICE}$ 是 Alice 的私钥和公钥，$sk_{year}$ 和 $PK_{YEAR}$ 分别是年度私钥和年度公钥。

## 1.3　小结

CPK 公钥体制解决了标识真实性证明和密钥加密问题，鉴别功能与保密功能满足了赛博安全的基本要求。鉴别功能的基础是标识鉴别，标识真实性证据是标识签名，而标识签名是其他数字签名的基础。例如，标识私钥和本体的复合提供身份证明，标识私钥和从体的复合提供所属性证明，标识私钥和客体的复合提供负责性证明等。任何实体之间均可直接进行交信双方封闭的加密通信，无须依赖任何第三方。因此，如果应用于通信领域，可解决接入控制和加密通信问题；如果应用于交易，可解决受理控制和隐私保密问题；如果应用于软件，可解决软件商标、控制软件的安装与执行问题。标识签名还可以解决过去无法解决的数字印章、数字货币、防伪标签的设计问题。

# 参考资料

① Shamir A. Identity-based cryptosystems and signature schemes. Advances in Cryptology, 1984 年，第 21 卷，第 2 期，页码：47-53.

② 南湘浩，陈钟. 网络安全技术概要. 北京：国防工业出版社，2003 年版.

③ Yu M Y, Huang X P, Jiang L, et al. Combined public key cryptosystem based on conic curves over the ring Zn. 2008 International Conference on Computer Science and Software Engineering, 2008 年，第 3 卷，页码：631-634.

④ 廖国鸿等，组合公钥体制的线性共谋攻击，计算机应用与软件，2016 年 12 月发布.

# 第 2 章

# CPK 运行协议

密钥管理需要在网上进行，因为在网上管理不仅能为大规模的使用提供方便，而且结合网络的自动化动态管理的特点，可以提高系统安全运行的可能性。

## 2.1 密钥分发

全网设置一个密钥管理中心，负责系统密钥的定义和更新；在各网站或节点设置密钥服务中心，负责管理客户密钥的申请和分发。管理中心与服务中心之间形成星状网。客户选择一个服务中心注册，成为该服务中心的客户，可在任何服务中心申请密钥。密钥管理系统架构如图 2.1 所示。

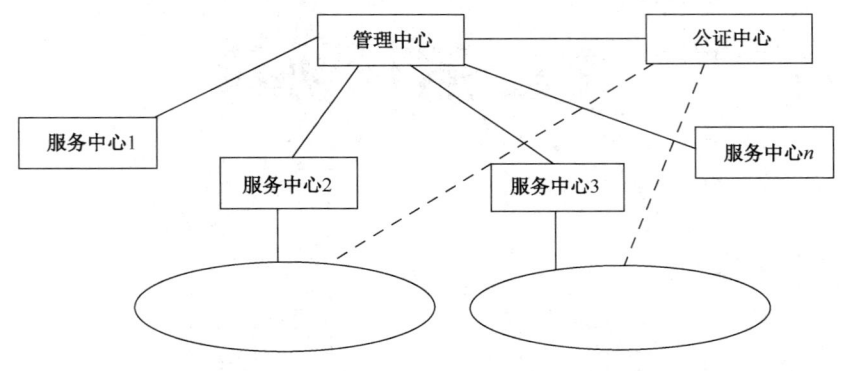

图 2.1　密钥管理系统架构

客户在网站下载公钥数组，自动安装。全网设置了公证中心，处理密钥管理中心的纠纷。

## 2.2 注册协议

客户向服务中心提交注册申请：msg = {注册申请}；

中心发送随机数 $r_1 \cdot G = R_1, r_2 \cdot G = R_2$，发送 $msg = \{R_1, R_2\}$。

客户提交注册数据：

$$data = \{实名，身份证号，电话号，用户名，账户名\}$$

客户定义一个随机数 ran，再选择随机数 $r_3$ 和 $r_4$，计算：$r_3 \cdot G = R_3$；$r_4 \cdot G = R_4$；$r_3 \cdot R_1 = R_5$；$r_4 \cdot R_2 = R_6$；形成两个密文：

$$E_{R_5}(data) = code_1; msg_1 = \{code_1, R_3\};$$

$$E_{R_6}(ran) = code_2; msg_2 = \{code_2, R_4\}$$

中心解密和验证 data 的真实性：

$$D_{R_3 \times r_1}(code_1) = data; D_{R_4 \times r_2}(rode_2) = ran$$

如果通过了验证，中心生成标识私钥，并对私钥签名，做成标识证书：

$$标识证书 = \{实名，私钥，签名\}$$

将证书加密后发送：

$$E_{ran}(标识证书) = code_3;$$

$$msg_3 = \{code_3\}$$

客户脱密后，系统自动将私钥按私钥保护协议保护。证书是服务中心对实体标识（实名）的签名，在注册时只发行证书，并核对身份证号，核对后只保留后 4 位。在注册成功后，客户就具有了实名标识私钥和公钥的组合数组，可进行标识签名和验证、标识密钥的加密和脱密。

## 2.3 私钥申请

除实体实名标识私钥外的其他标识私钥，则另行申请，如电话号标识、用户名标识、账户名标识、设备号标识（路由器、传感器等的设备号）的私钥，在注册以后才能使用。注册以后客户已具有实名标识私钥和公钥数组，申请其他标识私钥的申请格式，以申请账户名私钥为例，申请人对账户名进行标识签名：

$$私钥申请\ data = \{电话号，签名\}$$

data 经加密发送给密钥服务中心 KMC，为此，申请人首先计算密钥服务中心的公钥 $PK_{KMC}$

$$YS = Hash_{Hkey}(KMC) = v_0, v_1, v_2, \cdots, v_{23};$$

$$PK_{CELL_i} = (R_{v_{i \times 3}} + R_{v_{i \times 3+1}}) \times v_{i \times 3+2}$$

$$PK_{KMC} = \sum_{i=0}^{7} PK_{CELL_i} + PK_{YEAR}$$

对 data 加密：

$$R \cdot G = key; \quad E_{key}(data) = code_1$$

$$ENC_{KMC}(key) = beta$$

$$msg_1 = \{code_1, beta\}$$

中心脱密后验证证书，验证签名，验证通过，则生成所申请标识（账户名）的私钥，做成数据，$data_2 = \{私钥\}$；加密。中心首先计算申请人 Bob 的标识公钥：

$$YS = Hash_{Hkey}(KMC) = v_0, v_1, v_2, \cdots, v_{23};$$

$$PK_{CELL_i} = (R_{v_{i \times 3}} + R_{v_{i \times 3+1}}) \times v_{i \times 3+2}$$

$$PK_{BOB} = \sum_{i=0}^{7} PK_{CELL_i} + PK_{YEAR}$$

对 data 加密：

$$r \cdot G = \text{key}; \quad E_{\text{key}}(\text{data}_2) = \text{code}_2;$$

$$\text{ENC}_{PK_{BOB}}(\text{data}_2) = \text{code}_2;$$

发送：$\text{msg}_2 = \{\text{code}_2\}$。

## 2.4 开机密钥

CPK 系统密钥由外部定义的口令密钥（$pwd$）和内部定义的随机密钥（$R_1$）构成。

口令密钥（$pwd$）是在出厂时，由厂家定义、由用户更换的口令。口令的更换，系统提供更换协议。口令密钥的长度不限。

随机密钥（$R_1$），由每个系统随机定义，在厂家定义的口令下加密的 $X$ 存储：

$$E_{pwd}(R_1) = X$$

长存储口令的核对码 $Z$：

$$E_{pwd}(R_1) \oplus R_1 = Z$$

开机口令是由口令密钥（$pwd$）和随机密钥（$R_1$）共同组成的，开机时首先输入口令密钥（$pwd$），并检查口令的合法性：

$$D_{pwd}(X) = R_1$$

$$E_{pwd}(R_1) \oplus R_1 = Z'$$

如果 $Z = Z'$，则证明口令为真，进入下一步操作。口令连续 5 次不符，算一次安全事故，并将参数 $Z$ 置 "0"。

## 2.5　私钥保护

一切秘密均寄寓于密钥中，因此对密钥的保护是至关重要的任务。私钥 sk 在随机密钥 $R_1$ 的保护之下：

$$E_{R_1}(\text{sk}) = y$$

文档密钥在公钥的保护之下：

$$\text{ENC}_{\text{PK}}(\text{key}) = \beta$$

为了防止他人动态窃取或静态分析出私钥，可采用参数组保护私钥的方法，如私钥由 $D$ 组参数、$A$ 组关系组保护，首先定义 6 个随机数 $ab\cdots f$，用 6 个随机数组成 6 个 $D$ 组参数，再利用 $D$ 组参数组成 9 个 $A$ 组关系，举例如下：

$D$ 组参数：$D_1 = d^{-1} \times c^{-1}, \cdots, D_6 = d \times e$

$A$ 组关系：$A_1 = D_1 \times D_2 \times D_6, \cdots, A_9 = D_2 \times D_6$

利用参数组保护私钥的方法，可有效防止动态窃密，并为静态分析增加了难度，但数字签名、密钥加密协议也需要做相应改造。

## 2.6　公证中心

公证中心是解决密钥纠纷的中介机构。各客户在密钥使用过程中遇到的疑问，均可直接提交给公证中心，公证中心分析问题的性质，与管理中心共同解决密钥纠纷。由于加密公钥和验证公钥的冒领，不会产生任何损害,因此不会发生纠纷。如果脱密私钥或签名私钥被非法用户 B 冒领,那么合法用户 A 将变为非法用户。标识集是有联系的整体,因此公证中心很快就会发现假冒用户,并采取补救措施。

## 2.7 标识签名

签名是真实性的证据,而实体是标识和本体的复合体,以标识为代表,因此标识签名是标识真实性证据,简称 IDS(Identifier Digital Signature)。

标识签名是在标识和私钥间建立了一一对应的映射关系的基础上,以标识的私钥作为标识真实性证据。以标识 Alice 为例:

Alice 的标识真实性证明码 $s$ 是随机数 $k$ 的逆与标识私钥 $\text{sk}_{alice}$ 的乘积:

$$s \equiv k^{-1} \text{sk}_{alice} \bmod n$$

核对码 $c$ 是随机数 $k$ 与生成元 $G$ 的乘积经单向函数变化而得到的数:

$$kG = (x, y);\ (x+y) \bmod 2^{16} \equiv c$$

由 $(s,c)$ 构成 Alice 的标识签名。标识签名以 $\text{SIG}_{\text{sk}_{alice}}(\ ) = \text{sign}$ 标记。

标识验证是验证方利用公布的公钥数组计算证明方的公钥,并作为检查签名真伪的依据。首先计算证明方的标识公钥:

$$\text{YS} = \text{Hash}_{\text{Hkey}}(\text{Alice}) = v_0, v_1, v_2, \cdots, v_{23};$$

$$\text{PK}_{CELL_i} = (R_{v_{i\times 3}} + R_{v_{i\times 3+1}}) \times v_{i\times 3+2}$$

$$PK_{ALICE} = \sum_{i=0}^{7} PK_{CELL_i} + PK_{YEAR}$$

核对码 $c'$ 是证明码 $s$ 的逆与标识公钥 $PK_{ALICE}$ 的乘积经单向函数变化而得到的数：

$$s^{-1}PK_{ALICE} = kG = (x, y); \ (x+y) \bmod 2^{16} \equiv c'$$

如果 $c = c'$，那么公私钥的一对性成立，由于公钥 $PK_{ALICE}$ 是验证方从标识 Alice 计算出来的，因此公钥的真实性可以直接证明标识 Alice 的真实性，体现了验证的自主性和客观性。标识验证以 $VER_{PK_{ALICE}}(0, s) = c'$ 标记。

标识是一个实体区别其他实体的唯一标志，而且只有标识签名可以独立实现，而其他签名，如主体、从体、客体等签名均不能独立实现，独立实现时只能证明公私钥的成对性，而只有当与标识签名复合实现时才能构成真正的数字签名，提供真实性、溯源性、所属性的证明。

## 2.8 密钥加密

密钥加密执行 CPK 的密钥加密协议 CKE。设 Alice 给 Bob 的加密：

Alice 选择随机数 $r$ 定义数据加密密钥 key：

$$rG = (x_1, y_1)$$

$$key \equiv (x_1 + y_1) \bmod 2^{16}$$

Alice 用 key 对数据 data 加密，$E$ 是对称加密函数：

$$E_{key}(data) = code$$

Alice 计算 Bob 的组合公钥：Bob→$PK_{BOB}$

$$YS = \text{Hash}_{\text{Hkey}}(\text{Bob}) = v_0, v_1, v_2, \cdots, v_{23};$$

$$\text{PK}_{CELL_i} = (R_{v_{i\times 3}} + R_{v_{i\times 3+1}}) \times v_{i\times 3+2}$$

$$\text{PK}_{BOB} = \sum_{i=0}^{7} \text{PK}_{CELL_i} + \text{PK}_{YEAR}$$

Alice 对数据加密密钥 key 加密：

$$r \cdot \text{PK}_{BOB} = \text{beta}$$

Alice 将 {code, beta} 发送给 Bob。

Bob 脱密：接收方 Bob 用自己的私钥 $\text{sk}_{bob}$ 计算出数据脱密密钥 key：

$$(\text{sk}_{bob})^{-1} \text{beta} = rG = (x_1, y_1)$$

$$\text{key} \equiv (x_1 + y_1) \bmod 2^{16}$$

Bob 用 key 对数据脱密，$D$ 是对称脱密函数：

$$D_{\text{key}}(\text{code}) = \text{data}$$

## 2.9 小结

在 ECC 体制中，对私钥的保密是至关重要的。硬件保护措施和软件保护措施比较起来，硬件只是多了一层 flash 保护。但在-180°情况下，flash 也可以读出来。硬件中的固化件是可以模拟、移植的，因此无论是硬件还是软件，都不能进行静态分析。目前，CPK 的密钥管理，对静态分析只做到了分析自己的私钥，这并没有多大意义。私钥数组以变形状态存放，只有系统管理员在调用时可以恢复原码，对私钥数组的变形存储及对私钥的参数保护，给黑客窃取原码增加了难度。全网密钥和参数的更新，均为在线管理，这使密钥管理的自动化运行变得可能。

# 第 3 章

# 动态分组

分组密码被认为是世界上最早的开放式密码,至今已有 30 多年的历史。之后有许多优秀的密码系统相继问世。数据加密受两个方面的攻击,一是对密钥的攻击,二是对密文的攻击。在广域网上,涉密文件是各涉密单位自行加密的,加密在局域网内进行,因此加密体制本身就是防量子穷举的。但是对公众来说,只要符合"隐私"要求,就用不着用防量子穷举的密码加密。

存储数据的加密,包括文本数据和表格数据的加密,在表格数据加密中最好用数据不扩展的加密方法,即单字节明文经加密后仍为单字节密码,双字节明文经加密后仍为双字节密码,直到八字节加密,以适应表格格式的需要。

## 3.1 编制结构

DBLK 动态分组的主要编码部件包括置换表 disk 和代替表 subst。

### 3.1.1 置换表 disk

置换表是指示位置变换关系的表,分为正表和反表。正表用于加密,反表用于脱密。正表用 disk8e 表示,反表用 disk8d 表示。

置换表以 8 列构成 8 个置换轮,每个置换轮有 8 个起点,不同轮和不同起点构成不同的置换关系。

```
          disk8e                    disk8d
       0 1 2 3 4 5 6 7           0 1 2 3 4 5 6 7
  [0]  7 4 2 3 5 1 6 7      [0]  5 2 4 6 1 3 7 4
  [1]  4 6 4 5 0 7 2 3      [1]  3 5 6 3 7 0 4 7
  [2]  6 0 7 6 4 3 7 5      [2]  4 3 0 4 6 5 1 6
```

| | | | | |
|---|---|---|---|---|
| [3] | 12617056 | | [3] | 76504261 |
| [4] | 27023510 | | [4] | 10172655 |
| [5] | 01376244 | | [5] | 67710432 |
| [6] | 53102432 | | [6] | 21325703 |
| [7] | 35541601 | | [7] | 04253120 |

## 3.1.2 代替表 subst

代替表 subst8e 和反表 subst8d 是 16×16 的单代表。

**subst8e:**

|   | 0 | 1 | 2 | 3 | 4 | 5 | 6 | 7 | 8 | 9 | A | B | C | D | E | F |
|---|---|---|---|---|---|---|---|---|---|---|---|---|---|---|---|---|
| 0 | 82 | 2E | 64 | 45 | 88 | B6 | 36 | C9 | 48 | D9 | EA | 99 | 5A | 59 | A5 | C4 |
| 1 | B5 | E2 | 89 | 7B | A0 | 32 | AA | 27 | B1 | FF | 5C | 40 | 38 | D5 | 21 | 74 |
| 2 | 0B | 03 | D1 | 71 | E6 | 3C | 0C | 54 | 2F | 98 | BC | 9E | 9A | 78 | 1D | 5D |
| 3 | 43 | 14 | C7 | 29 | C3 | 22 | 7A | 66 | D6 | D0 | 6B | 5E | 84 | DE | B0 | C5 |
| 4 | 52 | F9 | 0D | E7 | C0 | B7 | 2C | 31 | A9 | 9D | DA | 46 | 4F | 3A | 90 | BA |
| 5 | 6A | BB | BE | 60 | 02 | 3E | D4 | 24 | 97 | FC | 9F | 2D | 50 | F7 | 83 | 49 |
| 6 | AC | 2A | B3 | FB | F8 | F6 | 4C | 8F | B9 | 2B | FE | 28 | 6C | E1 | 7F | A3 |
| 7 | 70 | 0A | 41 | 1C | 77 | 75 | F3 | 8A | 80 | 95 | E3 | BD | E0 | 86 | 8E | 4D |
| 8 | 7E | CB | 4E | 20 | 76 | 91 | 8C | A2 | 0E | AF | B2 | 26 | AB | A7 | 9C | 7D |
| 9 | CE | F5 | 19 | 00 | 12 | CA | FA | A4 | 47 | 56 | 0F | 87 | AE | 23 | 7C | 3B |
| A | F1 | EB | B8 | 92 | 6E | CF | DC | EC | EF | 6F | 04 | 63 | 16 | 69 | 3F | 72 |
| B | 96 | 09 | 5B | E9 | A1 | 06 | C8 | 51 | A6 | 4B | 85 | 17 | 79 | 10 | 58 | D3 |
| C | 8B | FD | E5 | E8 | B4 | 1E | 81 | 55 | 1F | AD | 39 | 53 | 01 | C1 | CD | 57 |
| D | 44 | 6D | 08 | 67 | 9B | F2 | 30 | F0 | 37 | D8 | 1B | A8 | C6 | 93 | 34 | 13 |
| E | D2 | DB | 4A | 61 | 3D | 1A | 68 | 42 | CC | 05 | 33 | 07 | 35 | DF | EE | 25 |
| F | 65 | C2 | BF | 73 | 8D | 5F | 94 | 11 | F4 | 18 | DD | 62 | ED | E4 | 15 | D7 |

subst8d:

|   | 0 | 1 | 2 | 3 | 4 | 5 | 6 | 7 | 8 | 9 | A | B | C | D | E | F |
|---|---|---|---|---|---|---|---|---|---|---|---|---|---|---|---|---|
| 0 | 93 | CC | 54 | 21 | AA | E9 | B5 | EB | D2 | B1 | 71 | 20 | 26 | 42 | 88 | 9A |
| 1 | BD | F7 | 94 | DF | 31 | FE | AC | BB | F9 | 92 | E5 | DA | 73 | 2E | C5 | C8 |
| 2 | 83 | 1E | 35 | 9D | 57 | EF | 8B | 17 | 6B | 33 | 61 | 69 | 46 | 5B | 01 | 28 |
| 3 | D6 | 47 | 15 | EA | DE | EC | 06 | D8 | 1C | CA | 4D | 9F | 25 | E4 | 55 | AE |
| 4 | 1B | 72 | E7 | 30 | D0 | 03 | 4B | 98 | 08 | 5F | E2 | B9 | 66 | 7F | 82 | 4C |
| 5 | 5C | B7 | 40 | CB | 27 | C7 | 99 | CF | BE | 0D | 0C | B2 | 1A | 2F | 3B | F5 |
| 6 | 53 | E3 | FB | AB | 02 | F0 | 37 | D3 | E6 | AD | 50 | 3A | 6C | D1 | A4 | A9 |
| 7 | 70 | 23 | AF | F3 | 1F | 75 | 84 | 74 | 2D | BC | 36 | 13 | 9E | 8F | 80 | 6E |
| 8 | 78 | C6 | 00 | 5E | 3C | BA | 7D | 9B | 04 | 12 | 77 | C0 | 86 | F4 | 7E | 67 |
| 9 | 4E | 85 | A3 | DD | F6 | 79 | B0 | 58 | 29 | 0B | 2C | D4 | 8E | 49 | 2B | 5A |
| A | 14 | B4 | 87 | 6F | 97 | 0E | B8 | 8D | DB | 48 | 16 | 8C | 60 | C9 | 9C | 89 |
| B | 3E | 18 | 8A | 62 | C4 | 10 | 05 | 45 | A2 | 68 | 4F | 51 | 2A | 7B | 52 | F2 |
| C | 44 | CD | F1 | 34 | 0F | 3F | DC | 32 | B6 | 07 | 95 | 81 | E8 | CE | 90 | A5 |
| D | 39 | 22 | E0 | BF | 56 | 1D | 38 | FF | D9 | 09 | 4A | E1 | A6 | FA | 3D | ED |
| E | 7C | 6D | 11 | 7A | FD | C2 | 24 | 43 | C3 | B3 | 0A | A1 | A7 | FC | EE | A8 |
| F | D7 | A0 | D5 | 76 | F8 | 91 | 65 | 5D | 64 | 41 | 96 | 63 | 59 | C1 | 6A | 19 |

### 3.1.3 模 Q 移存器

设 8 级模 256 移存器链接多项式为(8,1,0)。8 端输出经 mmm 代替反馈到移存器第 1 级输入端。

转换表 mmm 是 16×16 的单代表，用于密钥变量的派生。模 Q 移存器运行的逻辑关系如图 3.1 所示。

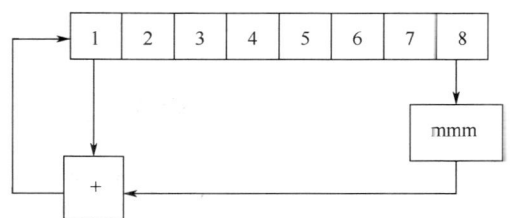

图 3.1 模 Q 移存器运行的逻辑关系

转换表 mmm

|   | 0 | 1 | 2 | 3 | 4 | 5 | 6 | 7 | 8 | 9 | A | B | C | D | E | F |
|---|---|---|---|---|---|---|---|---|---|---|---|---|---|---|---|---|
| 0 | CC | 87 | F0 | 75 | BC | 1F | F8 | 52 | 00 | 3A | 8E | 57 | AC | 6E | F5 | 23 |
| 1 | 17 | 2B | 89 | D5 | 12 | FC | A3 | EF | 67 | 94 | 5C | C7 | 9E | DF | 56 | DA |
| 2 | C2 | FF | 47 | 83 | E6 | 2C | 39 | 02 | AD | 1E | E4 | 07 | 51 | 1D | A6 | 0A |
| 3 | 3B | A8 | 11 | 20 | 62 | CB | B3 | B5 | 22 | D2 | 2A | EE | D8 | F4 | 9F | 86 |
| 4 | FB | 63 | AE | 58 | FE | 10 | 7E | 35 | E5 | 4F | 7F | 55 | 5B | 8D | 4B | 7A |
| 5 | 90 | E1 | 53 | E0 | 95 | 48 | 4E | 66 | 31 | F6 | C8 | 6D | 06 | 3E | C6 | BF |
| 6 | 46 | 04 | F7 | 38 | 01 | C0 | 0B | A1 | 8F | 0F | 43 | 85 | AB | F9 | 68 | 93 |
| 7 | A2 | AF | 73 | DB | 6F | 16 | 9A | 6C | 72 | A7 | D1 | 1B | 65 | 1C | 79 | 3F |
| 8 | 21 | 33 | 0C | 45 | B8 | 5D | 76 | 29 | BB | 2E | 61 | DE | 99 | B6 | 5F | E3 |
| 9 | 9B | 82 | 7B | E7 | 27 | 54 | 9D | DD | 81 | E9 | E2 | 78 | BD | 37 | ED | 30 |
| A | 74 | 59 | D4 | 32 | 8B | BA | 0D | 26 | 13 | 7D | 05 | C5 | 15 | 71 | B2 | CF |
| B | 34 | E8 | 18 | C1 | F1 | 40 | 92 | AA | 8A | C9 | B1 | 44 | A5 | EC | 24 | 69 |
| C | 88 | 28 | CD | 03 | 6A | 64 | D7 | 42 | FA | 5E | 3D | F2 | 8C | 08 | D9 | B7 |
| D | 6B | D6 | 3C | CA | DC | FD | 2D | EA | 19 | 96 | CE | 14 | 25 | D0 | 80 | 4A |
| E | B9 | A9 | C3 | 7C | A4 | 4C | B0 | 84 | C4 | 77 | EB | A0 | D3 | 49 | BE | 98 |
| F | 41 | 9C | 4D | B4 | 1A | 91 | 70 | 0E | 5A | F3 | 36 | 50 | 2F | 97 | 60 | 09 |

### 3.1.4 密钥派生

首先随机选择 1 个分组加密密钥 keya，keya 是模 Q 移存器的初态，分组宽度为 8 字节。将 keya 作为初态，移存器循环移位，移 8 次后的状态（8 字节）记为 keyb[$i$]，作为一次运算的参数变量。循环移位后生成 5 个参数变量，分别记为 keyb[0]，…，keyb[4]。

设原生密钥 keya 为：08 07 06 05 04 03 02 01，则派生密钥 keyb 为：

[0]: 41 CE DD 92 9B 17 24 90

[1]: E6 97 D2 BF E6 EA F7 EA

[2]: F6 C4 D9 D4 E2 73 F9 33

[3]: 02 18 C3 A8 6B 8A 4A 4B

[4]: 5B C4 28 2B 34 F3 22 D7

[5]: 94 67 2A 39 8F A4 95 AA

## 3.2 加密过程

假设给定条件是：

作业单位（byte）：byte=8 位的 $j$ 字节，以 $j$ 代表 $j$ 字节作业。

数据（data）：data=$j$ 字节字符（如 $j$=5）。

给定密钥：keya=8 字节。

### 3.2.1 不定次单代说明

数据（data）通过 subst8e 单代变换，送入 ee 中，单代次数由 keyb5 的第一个字节尾两位决定，当尾两位为 00 时，只做一次代替，如

subst8e(05) = b6。如果 keyb5 的第一个字节尾两位为 01，则再进行单代作业，如 subst8e(b6) = c8 等，得到 j 字节的 ee。

变形码 ee 与 keyb1 相加得 data1：

For $k$=0 to $j$-1 do data1[$k$]: ≡ (ee[$k$]+keyb[$k$]) mod $2^j$

### 3.2.2 数据分散

$j$ 字节的 data1 要扩散到 8 字节的变量 ee 中，每个 ee 含有 $j$ 位。假如 5 字节 data1 为 05 04 03 02 01，分散到 8 字节 ee 就变为 00 14 02 00 06 00 10 01。如果是 8 字节作业，则每字节的高 4 位和低 4 位互换位置即可。

### 3.2.3 左向累加

在 ee 中的数据左向累加后放在 dd 中，如：

dd[0]: = ee[0]

for $i$: = 1 to 7-$i$ do

dd[$i$]: ≡ (dd[$i$-1] + ee[$i$]) mod $2^j$

dd 和 keyb[2]相加放入 ee 中。

### 3.2.4 第一次置换

置换变换的控制参数由 keyb5 的第二字节提供，前三位指示置换表的置换序（列），末尾三位指示置换起点。例如，第 7,6,5 分位指示作业轮，第 2,1,0 分位指示起点。设 7,6,5 分位为 010=2，而 2,1,0 分位为 000=0，那么所用置换序是 2 列，起点是 0。举例如下：

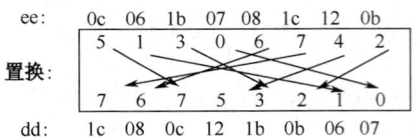

经置换的 dd 再和 keyb2 相结合，放入 ee 中。

### 3.2.5 右向累加

ee[$i$]中的数据右向累加，放入 dd[$i$]中。

dd[7]: = ee[7]

for $i$: = 6 downto 0 do dd[$i$]: ≡ (dd[$i$+1] + ee[$i$])mod $2^j$

### 3.2.6 第二次置换

前三位指示第二置换表的标序，尾三位指示置换表的起点。经置换的 ee 再与 keyb3 结合放入 dd 中。

### 3.2.7 数据集中

将分散于 8 字节的 dd 数据集中到 $j$ 字节的 ee 中，例如：

dd: 0b 13 05 0b 12 0e 1a 15

ee: 5c ca b9 3b 55

如果是 8B 作业，则每字节的高 4 位和低 4 位互换位置。

ee 再与 keyb4 结合放入 data 中。

### 3.2.8 不定次单代

data 通过 subst8e 单代变换，送入 ee 中。迭代次数由 keyb5 的第 4 字节尾 2 位决定。当 key5=0 时迭代一次。例如，subst8e(5c)=50， subst8e(ca) =39，subst8e(b9) =4b，subst8e(3b) =5e，subst8e(55) =3e 等。

data: 5c ca b9 3b 55

ee: 50 39 4b 5e 3e

i 字节 ee 作为密码输出。

## 3.3　小结

DBLK 将传统的多轮固定次数的循环计算改为部分因素的不定次数的循环运算，这样在保证密度的情况下大大提高了运算速度。数据在加密后，长度不扩展，整数型和字符串型、英文型和中文型可保持不变。

# 第4章 证明逻辑

## 4.1 基于信任的证明逻辑

基于信任的证明机制一般采用认证体制。认证是对资格的认定，资格由可信度确定，因此信任是多义的。传统的认证原则是"你有的我也有，你加的密我能脱"，只要满足条件就可以建立信任关系。认证逻辑有基于模型的 BAN 逻辑（相信逻辑），以及基于行为的信任逻辑。

### 4.1.1 相信逻辑

1989 年，M Burrows 等人提出了相信逻辑。

1）模型的建立

相信逻辑是过去一直沿用的认证逻辑。1990 年，Michael Burrows 等人在《一种鉴别逻辑》（*A Logic of Authentication*）一书中，对客体认证提出了以下原则：

（1）如果你已给 A 发送了以前从没有用于此目的的一个数，而且如果后来从 A 收到基于那个数的某种东西，那么你必须相信 A 的消息是最近产生的——实际上是对你发送消息的响应。

（2）如果你相信只有你和 A 知道 K，那么你得相信你所收到的所有 K 密钥下加密的东西均来自 A。

（3）如果你相信 K 是 A 的公钥，那么你必须相信能用 K 脱密的任何消息均来自 A。

（4）如果你相信只有你和 A 知道 X，那么你必须相信任何包含 X 的加密消息均来自 A。

对客体 O 真实性的证明（按 BAN 逻辑）至少满足可读性（Readability）、当次性（Nonce）、管辖性（Jurisdiction），构成函数：

$$f(O) = (Readability, Nonce, Jurisdiction)$$

2）形式化推理

在 A 发送 O 给 B 的场合中（A(O)→B），假设 A 是可相信的，那么：

（1）可读性（Readability）规则：如果 A 加的密，B 能脱密，那么 B 认为 A 具有相同的密钥参数，进而 B 相信 O 是 A 写的（只能在对称密钥下成立）。

（2）当次性（Nonce）规则：如果 B 相信 O 是 A 写的，同时 A 提供当次有效的证明，这是防止重放攻击（复制攻击）的有效手段，也是模仿物理世界"当面验证"，实现"当场验证"的逻辑方法，那么 B 相信 A 相信 O。

（3）管辖性（Jurisdiction）规则：如果 B 相信 A 相信 O，同时 A 管辖 O，那么 B 相信 O。

### 4.1.2 信任逻辑

20 世纪 90 年代，美国计算机操作系统巨头们提出了"信托"计算协议（TCP）的概念，并对"信任"给出了定义："如果一个实体总是以期望的方式达到预期的目标，那么它是可被信任的。"信任一直是操作系统的设计原则。"信托"平台将操作系统的管理权交给了用户，让用户自行管理操作系统的安全。这个平台概念确实达到了阻止其他公司的操作系统发展的目的。

1）信任关系

建立信任关系的技术很简单。例如，口令认证，容易做到"你有的我也有""你知道的我也知道"。数字签名标准 DSS 也可用来建立信任关系，即"你签的名我可以验证"，如果验证通过则可证明公私钥是配对的，以此建立信任关系。在赛博世界的信任是一种特殊的关系，在赛博世界中，信任不只是人与人之间的关系，而且涉及人—机关系，同时涉及机—机关系，但信任逻辑是将人—机关系和机—机关系均以信任关系来处理，没有实体鉴别的概念。例如，打电话首先要证明电话号和电话号链接的真实性，然后还要验证打电话人的真实性。在信任机制下，两个证明变成口令码的证明，如果口令码存在于双方的脑子中，那么口令和人的关系直接被证明，口令的一致性可以证明人与人之间的信任关系。反过来，口令不在双方的脑子中，而存储在计算机或手机中，那么口令的一致性还不能说明人与人之间的信任关系，因为口令和人之间的关系还没有被证明。一般地，口令、机器和人属于一体的可能性很大，而且信任本身也属于概率上的认定。因此，在社会活动中，信任可以作为办事的依据，但在正式场合中不能作为真实性的证据。

2）信任的转移

信任转移是 PKI 认证系统的主要理论依据。在美国国家安全局编写的《信息保障技术框架》（IATF）一书中，将信任关系描述为："如果在 A 和 B 及两个 CA 之间建立了信任关系，那么 A 和 B 的雇员享有相同的信任关系"。由于信任关系不是等式关系，反身性不成立，上述论断是错误的。就像母子关系很好，夫妻关系也很好，但不能直接得出婆媳关系一定很好的结论一样。国际标准规定，信任的转移会引起信任的淡化，因此信任的转移次数不能超过四次。被转移的信任和直接级信任是有差别的，如果将直接级信任比作"亲子"关系，那么转移的信任就是"领养"关系。因此，转移的信任不具有直接级信任的属性。

3）登录机制

登录机制一直被当作安全机制使用，但实际上已变成安全威胁。传统的登录机制不可避免地产生信任转移。登录一次，不又管一次进程，而且已可以获得管别的进程的权力，因此，这种信任转移可导致权力的转移。美军宣称利用登录机制的权力转移，可控制到对方数据库的每一字节，甚至可以入侵雷达系统，控制对方的显示屏幕，随意替换画面。

## 4.1.3 DSS 的认证协议

数字签名算法 DSA 提供了公私钥成对性证明方法，后成为数字签名标准 DSS，证明方用私钥提供客体 h 真实性的证据，验证方用公钥验证证据的真实性，如果公私钥有成对关系，那么所证明的客体 h 是没被篡改的。至于 h 的真实性，DSS 是不能证明的，且只有 Hash 函数才能证明。在以数据鉴别为主的局域网年代，A 把 X 送给了 B，B 只关心 X 的真实性。DSS 正好满足这种需求。DSS 是信任逻辑时代的产物，信任关系本是建立在"你有的，我也有"的对等关系上，或建立在"我有私钥，你有对应公钥"的对等关系上。实际上，DSS 只具有证明公私钥一对性的功能，从严格的意义上说，DSS 不是签名标准，因为签名没有签"名"。现在，网络发展到开放的互联网时代，不仅要有数据的真实性证明，更需要有用户真实性证明。很显然，DSS 缺乏两个前提条件，一是没有签名的主体，不知道是谁签的名；二是没有提供验证所用的公钥，验证人需要另行解决公钥的来源问题。因此，DSS 认证协议不适用于广域网用户鉴别的需求。

## 4.1.4 PKI 的认证系统

PKI 认证系统是以设置多层 CA 的物理结构方法适应无边界互联网用户安全的个人化密钥管理系统。由于 DSS 不提供主体真实性证明，也无法提供验证所用公钥，所以 PKI 用第三方 CA 证书的方式提供标识和公钥。

PKI 的证明机制：证明方生成一对公私钥，私钥用于对客体签名，作为客体真实性证据，而公钥和主体标识则经 CA 认证，以 CA 证书形式一并发给用户，再由用户发给验证人。

PKI 的验证机制：验证方用 CA 认证的公钥去证明公私钥的一对性和主体标识的真实性。这种验证实际上只能在证明方的私钥和 CA 提供的公钥之间进行，没有提供证明方和验证方的关系，也没有证明验证方和 CA 的关系。实际上，验证结果与验证方没有关系，在信任逻辑的条件下，验证方信任 CA，则承认验证结果，否则也可以不承认验证结果。以第三方证明的方法好像解决了主体标识的真实性验证问题，但是由谁来证明与 CA 的真实性？在不拥有主体鉴别技术的条件下，CA 的真实性是无法证明的。CA 之间的关系、CA 和所属雇员的关系都建立在信任关系的基础上。信任关系不存在反身性，即 A 信任 B，B 不一定信任 A。信任的转移是被稀释的，而且信任是多义的，存在不同级别的可信度。因此，用 PKI 的多层 CA 架构是解决不了规模化用户鉴别问题的。另外，在 PKI 简易体制中，证书由签名方提供，虽然省去了访问 LDAP 的麻烦，但是丢掉了密钥加密这一重要功能，不能支持加密数据的传输。

## 4.2　基于证据的证明逻辑

真伪鉴别是信息安全和赛博安全的首要任务。实际上，任何事件，主体首先声称其标识，如打电话先讲"我是某某"，广播也先讲"这里是某某台"，货币上也印着"某某银行"，互联网上发送"本终端的 IP 地址是某某"等。

赛博空间由实体构成，而一个实体由标识和本体构成。实体之间的互动引发事件，而一个事件由受理进程和采纳进程构成。在一个事件中，实体可能起到主体、从体、客体等不同角色的作用，但都没有摆脱作为实体的本质。

鉴别机制采用"示证和验证"统一的机制，证明方提供什么样的证据，验证方就得出什么样的结论，不能带任何主观性，"一事一证"，不允许任何信任的转移。

## 4.2.1 实体鉴别

一个实体由标识（Identifier）和本体（Ontology）构成，标识鉴别是逻辑世界提出的新概念，它不同于身份（Identity）鉴别，标识鉴别是独立的鉴别，而身份鉴别是标识鉴别和本体鉴别的复合鉴别。

1）标识鉴别

标识鉴别由标识签名和标识验证构成。

标识签名是证明标识真实性的证据。标识签名在标识和私钥间建立了一一对应的映射，以私钥提供标识真实性证据。标识 Alice 真实性证明码 $s$ 是随机数 $k$ 的逆与标识私钥 $sk_{alice}$ 的乘积：

$$s \equiv k^{-1} sk_{alice} \bmod n$$

核对码 $c$ 由随机数 $k$ 与生成元 $G$ 的乘积经单向函数变化得到：

$$kG = (x, y); \quad (x + y) \bmod 2^n \equiv c$$

标识验证是签名真实性证明，验证方利用公布的公钥数组 $R_i$，自主计算公钥，作为验证签名真伪的依据。首先计算证明方的标识公钥：

$$YS = Hash_{Hkey}(Alice) = v_0, v_1, v_2, \cdots, v_{23};$$

$$PK_{CELL_i} = (R_{v_{i\times3}} + R_{v_{i\times3+1}}) \times v_{i\times3+2}$$

$$PK_{ALICE} = \sum\nolimits_{i=0}^{7} PK_{CELL_i} + PK_{YEAR}$$

标识 Alice 真实性核对码 $c'$ 是证明码 $s$ 的逆与标识公钥 $PK_{ALICE}$ 的乘积：

$$s^{-1}PK_{ALICE} = kG = (x,y); \quad (x+y) \bmod 2^{16} \equiv c'$$

如果 $c=c'$，则验证方证明了实体标识 Identifier 为真。因此，$sk_{alice}$ 和 $PK_{ALICE}$ 的一对性可以直接证明证明方标识的真实性。

2）本体鉴别

本体是实体（或身份）的组成部分，一般由特征值来表达。特征值不能独立存在，如果独立存在，因为不知道是谁的特征，就失去了存在的意义。因此，特征值不能证明所属性的本体特征，如指纹、面部特征等不能代表身份。因此，CPK 的本体特征是与标识真实性证明同时进行的。

本体 Ontology 真实性签名码 $s$ 是随机数 $k$ 的逆与标识私钥 $sk_{identifier}$ 的乘积和对本体 Ontology 的乘积之和：

$$s \equiv (k^{-1}(sk_{identifier} + Ontology)) \bmod n$$

验证码 $c$ 由随机数 $k$ 与生成元 $G$ 的乘积经单向函数变化得到：

$$kG = (x,y); \quad (x+y)^2 \bmod 2^m \equiv c$$

由 $(s,c)$ 构成本体 Ontology 的签名码。

本体 Ontology 的真实性验证码 $c'$ 是签名码 $s$ 的逆分别与标识公钥 $PK_{IDENTIFIER}$ 和"公钥化"的本体 Ontology 相乘之和，因此由验证方首先计算证明方的标识公钥：

$$\text{Hash(Identifier)} = (i,j)_h; \quad \sum (R_{i,j}) \to \text{PK}_{IDENTIFIER}$$

再计算公钥化的 Ontology：

$$\text{Ontology} \cdot G$$

验证本体的真实性：

$$s^{-1}(\text{PK}_{IDENTIFIER} + \text{Ontology} \cdot G) = kG = (x,y); \quad (x+y)^2 \bmod 2^m \equiv c'$$

如果 $c = c'$，则验证方证明了实体标识 Identifier 为真。这是因为公钥 $\text{PK}_{IDENTIFIER}$ 是由验证方亲自计算出来的。因此，$\text{sk}_{identifier}$ 和 $\text{PK}_{IDENTIFIER}$ 的一对性直接证明了本体的真实性和归属性。

身份也像实体一样由标识符和本体组成，因此实体或本体的真实性证明常被称为身份认证。

### 4.2.2 事件鉴别

两个实体的互动会引发事件。假设 A 把 X 送给 B，那么 A 是主体，B 是从体，X 是客体。A 在发送事件，而 B 在接收事件，两个事件构成虚拟网络。

1）受理鉴别

受理鉴别总是在采纳鉴别之前进行的，因此称为"事前鉴别"。交易中的受理（Accept）事件在通信中称接入（Access）事件。事前鉴别在提高效率、防止 DoS 攻击等方面起着重要作用。标识鉴别、标识加本体的复合鉴别、标识加从体的复合鉴别均可用于事前鉴别。

标识签名和验证：

$$kG = (x,y) \to c; \quad s \equiv (k^{-1}\text{sk}_{alice}) \bmod n$$

$$s^{-1}(\text{PK}_{ALICE}) = kG = (x, y) \to c'$$

本体签名和验证：

$$kG = (x, y) \to c; \quad s \equiv (k^{-1}(\text{sk}_{alice} + \text{Ontology})) \bmod n$$

$$s^{-1}(\text{PK}_{ALICE} + \text{Ontology} \cdot G) = kG = (x, y) \to c'$$

从体签名与验证：

$$kG = (x, y) \to c; \quad s \equiv (k^{-1}(\text{sk}_{alice} + \text{Slave})) \bmod n$$

$$s^{-1}(\text{PK}_{ALICE} + \text{Slave} \cdot G) = kG = (x, y) \to c'$$

2）采纳鉴别

采纳鉴别总是在受理事件之后进行，因此称为"事后鉴别"。交易中的采纳事件在通信中称为接收事件。如果客体是真实的则采纳或接收。采纳与否在客体鉴别后才能决定。

客体签名：客体的证明码 $s$ 是随机数 $k$ 的逆与标识私钥和客体标识复合私钥的乘积：

$$s \equiv (k^{-1}(\text{sk}_{alice} + \text{Object})) \bmod n$$

客体的核对码 $c$ 是随机数 $k$ 与生成元 $G$ 的乘积经单向函数得到的数：

$$kG = (x, y); \quad (x + y) \bmod 2^{16} \equiv c$$

客体验证：客体验证是证明码 $s$ 的逆与复合公钥的乘积。因此，验证方首先计算证明方 Alice 的标识公钥和客体公钥：

$$\text{YS} = \text{Hash}_{\text{Hkey}}(\text{Alice}) = v_0, v_1, v_2, \cdots, v_{23}$$

$$\text{PK}_{\text{CELL}_i} = (R_{v_{i \times 3}} + R_{v_{i \times 3 + 1}}) \times v_{i \times 3 + 2}$$

$$\text{PK}_{ALICE} = \sum_{i=0}^{7} \text{PK}_{\text{CELL}_i} + \text{PK}_{YEAR}$$

再计算客体 Object 的公钥：

$$\text{Object} \cdot G = \text{PK}_{OBJECT}$$

验证复合体的真实性：

$$s^{-1}(\text{PK}_{ALICE} + \text{PK}_{OBJECT}) = kG = (x, y)$$

$$(x+y) \bmod 2^{16} \equiv c'$$

如果 $c = c'$，验证方同时证明了标识 Alice 和客体 Object 的真实性。

### 4.2.3 逻辑特点

真伪鉴别一直是信息安全和赛博安全的首要任务。现在我们正经历着从基于信任的局域网等级保护型信息安全（Information Security）到基于证据的开放网自主管理型赛博安全（Cyber Security）的转变，鉴别技术也从以数据鉴别为主向以实体鉴别为主转变。数据鉴别只是客体鉴别的一部分，而且靠信任逻辑也可以做到真伪鉴别；而实体鉴别则包括主体、从体、客体等各种形态的实体，只能靠证据才能证明真伪。

（1）鉴别逻辑把实体划分为标识和本体，分别证明其真实性；把事件划分为受理进程和采纳进程，分别证明其真实性。而受理进程总在采纳进程之前进行，因此称"事前鉴别"。

（2）标识鉴别是实体鉴别的基础，只有在标识鉴别基础上才能实现本体鉴别、从体鉴别、客体鉴别，因此是实现"我方识别"和"信息自主"的基础。

（3）鉴别逻辑采用示证和验证对应的证明方式，"一事一证"，杜绝信任转移。

（4）标识真实性证据就是标识签名，标识真实性代表实体真实性。因此，标识鉴别是赛博安全的核心技术之一。

# 参考资料

① Burrows M, Abadi M, Needhanm R M. A logic of Authentication. Proceedings of the Royal Scoety A Mathematical Physical & Engineering Sciences, 1989 年，第 426 卷，第 1871 期，页码：233-271.

② Trusted Computing Platform Alliance TCPA TCPA Design Philosophies and Concept Version 1.0 Copyright © 2000 Compaq Computer Corporation, Hewlett-Packard Company, IBM Corporation, Intel Corporation, Microsoft Corporation.

③ Clay Wilson, Information Warfare and Cyber war: Capabilities and Related Policy Issues, CRS Report for Congress, 2004 年 7 月 19 日发布.

④ National Institute of Standards and Technology, INST PUB 186, Digital Signature Standards, U.S. Department of Commerce 1994.

⑤ President's Information Technology Advisory Committee. Cyber Security: A Crisis of Prioritization. A Report to president, 20.

⑥ 南湘浩. CPK 标识认证. 北京：国防工业出版社，2006 年版.

⑦ Information Assurance Technical Framework, issued by National Security Agency, Information Assurance Solutions Technical Directors, Release 3.0, 2000 年.

# 第 5 章
# 信息自主

网络和数据库等共享资源的出现，产生了安全策略的新问题。信息有两种存在方式：流动或存储。网络和数据库共同的特点就是共享。因此，安全策略要研究共享条件下的信息保护策略。共享方式也有两种：保密或公开。不同的共享方式需要采用不同的安全策略。专用的或保密的数据库，一般属于行政管辖，实行强制控制，即行政的自主可控；而开放数据库和网络属于公众管辖，实行自主控制，即公众的自主可控。

## 5.1 概念的提出

数据共享的数据库产生于 20 世纪 70 年代。Denning 作为访问控制提出了随意（Discretionary）控制和强制（Mandatory）控制的概念。到了 20 世纪 90 年代，随着互联网的发展和信息战的兴起，在美国总统令 PDD63 中，第一次提出靠"自我把握"控制的信息自主（Information Assurance）概念，替代了随意控制的老策略。其实随意控制和"自我把握"控制的意思是相同的，都想表达"我的安全我做主"的思想，但英文很难用一个词表达"自主"的概念。在中国，20 世纪 70 年代在数据库访问控制的研究中，只有两种访问控制：自主控制和强制控制。

根据美军网络战的经验，第一步为入侵敌方系统，这个很容易做到；第二步则为利用信任的转移特性获取管理权。一旦做到这一步，系统就被别人侵占，完全为别人服务了。因此，在赛博时代，两个 IA 成为赛博安全的主要任务，即身份鉴别（Identity Authentication）和信息自主（Information Assurance）。其中，身份鉴别是实现自主可控的基础和关键技术。但是身份鉴别一直是难题，于是只能依靠信任逻辑以身份认证取代身份鉴别，但是过了十多年以后发现，靠信任关系实现不了信息自主，于是提出了"零信任构架""永不信任，总要验证"，并第一次提出了标识的概念。这是一个很大的进步，因为身份是标识和本体的复合体，只有解决了标识的真实性问题才能解决身份的真伪问题。认识到标识的存在，还不等于解决了标识真伪的证明问题。信息自主的概念是美国提出来的，我国则称为自主可控，意思是相同的。

## 5.2 自主的实现

只要解决了标识鉴别技术的问题，信息自主在"我方鉴别"和"一事一证"的机制下很容易实现。我方鉴别就像门岗，只认本单位的证件。我方识别比敌方识别更容易，因为敌方识别是被动的，而我方识别是主动的。两种访问控制形式是容易理解的，如凭票上飞机和火车，能不能上，由检票员决定，这就是强制控制；如果一人进商场，他自行决定进不进，不受他人控制，这就是自主控制。

这些访问在物理世界中控制起来不困难，但在逻辑世界中控制起来则不是很容易。例如，一个人买了手机，手机中有很大的存储空间。这个存储空间应该是属于手机所有者的，并不是公用空间，但是现在无端地，不经所有者同意就被别人占去了。信息被复制、金钱被窃的情况越来越严重。按理说，无端地入侵人家的系统，无端地占有人家的资源，非法窃取人家的信息等，都是入侵行为，是不允许的。信息自主要达到的目的，无非是要做到"我的信息由我来管，不能被他人利用"。

要实现"信息自主"的目标，首先要解决标识鉴别技术的问题。每个实体都有标识，例如，如果每个标识都带证明码，每个通信的发送方和收信方都有地址证明码，那么不可能发生非法入侵的情况；又如，如果每个软件都有出厂证明码和用户授权码，那么即使被恶意软件入侵了也不会执行，使其无法起作用；等等。因此，只要有标识鉴别技术，信息自主是很容易实现的。

自主可控策略是信息安全的通用策略。自主可控策略必须满足以下四个条件：第一，被动防护型的安全必须转变为主动管理型安全，实现"我的安全我负责"；第二，基于模型推理的可信系统必须转变为基于证据的可证系统；第三，引起信任转移的"登录机制"必须转变为"一事一证"的当场证明，防止信任转移；第四，远程口令认证的信任逻辑必须转变为"事先证明"的真值逻辑，防止通信的非法接入和恶意软件的入侵和执行。

## 5.3 自主的领域

信息领域所涉及的业务系统有通信系统、软件系统、交易系统、信号系统等。不同的业务有不同的安全需求和不同的自主可控需求。

通信系统：对安全的主要威胁是非法接入。接收方首先要证明发送方的合法性，发送方具备通信链接真实性的证据，以防止非法接入的发生。

软件系统：对安全的主要威胁是各种恶意软件的入侵，并窃取系统权限作案。所有被下载（上载）安装（执行）的软件代码需经过合法性证明，并具备真实性证据。

交易系统：对安全的主要威胁是假冒或替换账号作案。支付方和收款方账号需经过合法性证明，并具备真实性证据。

信号系统：对安全的主要威胁是对信号的复制攻击。所有来往信息需经过信号在这一时刻的真实性证明，并具备非复制的证据。

尽管不同领域有不同的安全威胁，不同的防止手段，但都具有相同的特点，即靠标识鉴别进行。因此，标识鉴别是自主可控的基础，也是实现自主可控的核心技术。标识鉴别不仅为构建自主可控体系提供了基础条件，而且引发了对逻辑网络体系的研究，逐步将信息安全的研究从形象逻辑研究提升为抽象逻辑研究，形成赛博安全的总体解决方案。

## 5.4 自主可控点

自主可控是通过主动方提供真实性证据，被动方实施控制的方式进行的。被动方自主可控模式如表 5.1 所示。

表 5.1 被动方自主可控模式

| 事件 | 主动方 | 被动方自主可控的模式 |
| --- | --- | --- |
| 通信事件 | 发送方对发送方真实性的证明<br>发送方对接收方真实性的证明<br>发送方对数据真实性的证明 | 接收方对受理与否的控制<br>接收方对受理与否的控制<br>接收方对采纳与否的控制 |
| 办公事件 | 创建方对创建人真实性的证明<br>创建人对数据真实性的证明 | 文件阅读方对受理与否的控制<br>文件阅读方对采纳与否的控制 |
| 软件事件 | 发行方对发行方真实性的证明<br>发行方对软件名真实性的证明<br>发行方对软件体真实性的证明 | 使用方下载（加载）与否的控制<br>使用方下载（加载）与否的控制<br>使用方安装（执行）与否的控制 |
| 支付事件 | 支付方对支付方真实性的证明<br>支付方对收款方真实性的证明<br>支付方对金额真实性签名 | 收款方对受理与否的控制<br>收款方对受理与否的控制<br>收款方对采纳与否的控制 |

自主可控是赛博安全的基本要求，也代表安全系统发展的方向。自主可控至少具有独立性和可证性。独立性为事件提供自主处理的基础，保证不被他主处理；而可证性为用户自主可控提供控制依据。自主可控系统的建设要做到：在网络战中的"我方识别"，在情报战中的"不怕窃密"，在银行系统中的"不怕泄露"。

现在自主可控的概念越来越深入人心，越来越多的系统自觉实行自主可控的安全机制，但仍有很多系统破坏自主可控的原则来提供"安全服务"，如强行要求用户输入口令、强行与某些参数绑定等。这些做法都是在没有解决相应技术条件下的不成熟的半成品，也许能解决眼前的某些问题，但隐藏着更大的危险。

## 参考资料

① PITAC. Protecting America's Critical Infrastructures (PDD 63). Presidential Decision Directive, 1997年发布.

② Clay Wilson, Information Warfare and Cyber war: Capabilities and Related Policy Issues, CRS Report for Congress, 2004年7月19日发布.

# 第6章
## 赛博安全

## 6.1 时代变迁

　　信息安全是从网络化的局域网开始的。20世纪80年代局域网的出现产生了共享的新概念，网络和数据库是共享的，在共享体制下如何处理不同级别的终端和不同密级的数据成为信息安全要解决的新课题。美国国防部的橘皮书第一次从方法上解决了这个问题，标志着世界进入了信息安全的新时代。20世纪90年代出现了互联网，互联网是广域网，也是无边界的网。由于互联网上开始出现了商业活动，因此互联网的主要任务是保障用户和交易的安全。在美国克林顿前总统令PDD63中第一次提出互联网的安全只能靠全体网民的安全意识，称深层次防御战略，于是提出了自我把握的（Assurance）的安全策略，这是历史的一大进步，但认为互联网的优先任务是以脆弱性分析为主的堵漏洞打补丁等十大优先项目，致使互联网的安全只停留在防火墙、入侵检测等系统安全上。21世纪初，布什政府的总统信息技术顾问委员会（PITAC）第一次正式提出了赛博安全的新概念。PITAC在《赛博安全：优先项目危机》的报告中批判了PDD63的十大优先项目，重新提出十大优先项目，以数十亿规模的鉴别技术为首要任务，并把"互相怀疑"作为安全原则，于是促进了面部识别、指纹识别等当面鉴别技术的发展。但仍然没有解决远程鉴别的难题。2021年，联邦政府认识到用信任逻辑是不能证明主体的真实性的，于是形成了"标识"（Identifier）的概念，以"零信任构架"实现"永不信任，总要验证"的安全体系。

　　中国早在2006年就形成了标识的概念，并形成了标识真实性证明的方法，进而解决了实体的真实性证明的问题。但是没有被国人认识，将身份认证和标识鉴别混为一谈，在信任逻辑的支配下，简单认为口令认证就可以解决主体鉴别的问题。至今他们还将"零信任"解释为"从零信任出发,达到真正的信任"。从信任逻辑中摆脱出来,还得等待很长的转变过程。

二业互联网的出现和发展,将信息安全领域扩大到物与物的链接和事与事的链接。物与物的链接构成物联网(Internet of Things,IoT),事与事的链接构成事联网(Internet of Events,IoE)。赛博空间是由物和事构成的,因此赛博空间就是物联网和事联网的并集。如果物联网的安全对象是数据,事联网的安全对象是用户,那么物联网和事联网的安全对象则是数据和用户,这给我们提出了崭新的研究题目:物与物、事与事怎么链接,物和事的真实性怎么证明。

## 6.2 逻辑链接

万物是由实体组成的,实体分为静态实体和动态实体。静态的实体之间形成物联网,任何实体和任何实体只能以实体的标识与标识相链接,构成可证逻辑网络。实体的真实性证明是通过标识证明和本体证明及标识和本体的一体性证明来完成的。

实体和实体之间的互动形成事件。事件真实性证明是通过受理过程和采纳过程的证明及受理过程和采纳过程的一体性证明来完成的。其中受理过程的证明具有事前证明的性质(Proof before Event),即在采纳事件发生之前进行真实性证明。事前证明的特性非常重要,通信中的非法接入在数据传输之前就能判别此次通信的真实性,如软件在安装、执行之前就能判别软件的真实性等。在事联网中,在发送端发生"示证"过程,而在接收端发生"验证"过程,发送事件和接收事件构成虚拟链接,构成事联网。"示证"和"验证"是不对等的逻辑过程。在事联网中的每个事件,都具有各自的独立性,因此可以实现"一物一证,一事一证",

阻断信任的转移。赛博安全总体架构如图 6.1 所示。

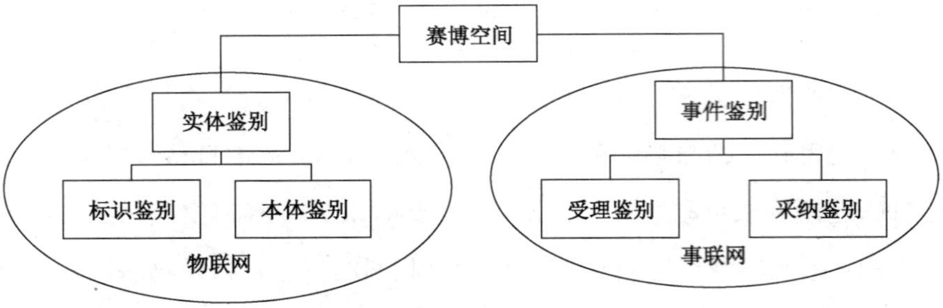

图 6.1　赛博安全总体架构

对实体、对事件真实性证明方法应是基于证据的证明，应从传统的基于信任或基于模型的证明模式中解脱出来，在远程鉴别中禁止使用对称性口令或生物特征。对实体、对事件的真实性证明应该是"当场证明"，应从传统的登录机制中解脱出来，阻断任何信任的转移，防止权力被接管。

## 6.3　核心技术

物和物、事和事怎么链接，物和事的真实性怎么证明，这里有一个纲举目张的核心技术。如果对这个核心技术不理解，就无法准确理解物联网或事联网，更谈不上解决物联网或事联网的安全问题。对这个核心技术的认识过程，根据美国的经验，至少经历了十年时间。

2005 年，美国 PITAC 虽然确定了鉴别技术是优先发展的项目，但只是推动了生物特征等当面鉴别技术，始终没能解决远程鉴别问题。2010 年奥巴马政府才认识到依靠物理的或生物特征的鉴别解决不了远程鉴别的问题，而在各种鉴别技术中最核心的鉴别技术是主体鉴别，于是美国把身份鉴别（Identity Authentication）正式纳入国家发展战略。但身份是一个抽象概念，也是一种复合概念，因此不会有直接的鉴别办法。

到了2021年，在"零信任构架"中才形成"标识"（Identifier）的概念，向解决主体鉴别的问题前进了一大步。

身份是人格化的实体，实体是由标识和本体构成的，本体可由实体特征代表；事件是由过程体构成的，分为受理（接入）过程和采纳（接收）过程，而受理过程总在采纳过程之前进行，称为"事前证明"。事前证明是防止非法接入的主要手段，只能用标识鉴别才能实现。无论是在实体真实性证明中还是在事件真实性证明中，事前证明都起着核心作用。

因为物和物、事和事只能以标识相连，构成逻辑链接，而且标识鉴别不仅可以实现可证链接，还将不同对象的鉴别问题归结到一个问题统一解决。例如，以地址标识解决链接的真实性证明问题，以用户标识解决用户的真实性证明问题，以实体标识解决实体真实性证明问题等。只要解决了标识鉴别问题，其他问题就可以迎刃而解。因此，标识鉴别是赛博安全（Cyber Security）的"银弹"（灵丹妙药之意）。

标识真实性证据是标识签名，这种签名只能由该标识才能签，而其他实体只能验证。对于这种证明和验证的非对称性，任何物理的或生物的方法都是无能为力的，只能靠数学的方法才能解决，而且在所有公钥体制中只有基于标识的公钥体制才能解决。2003年在《网络安全技术概要》一书中公布"CPK组合公钥"，2006年在《CPK标识认证》一书中公布标识鉴别的证明方法，并形成了真值逻辑，分别为实体真实性和事件真实性给出了证明方法。目前，随着物联网、星际网、遥控网的发展，对标识真实性证明开始引起人们重视。实际上，没有标识签名技术，就没有所谓的"数字签名"，就不可能有数字印章、数字货币、防伪标签、软件商标等，也不可能有效控制信息和信号的接入，也不可能有效进行电子办公、远程交易。

## 6.4 复合事件

在现实中大量存在复合实体，而复合实体的分解相对容易。例如，个人身份证是复合实体，因为证件中至少包括姓名、地址、身份证号等信息。CPK 不怕丢失的数字货币是复合实体，因为在货币中至少包括了发行银行的真实性证明、账户真实性证明、支付金额的真实性证明、收款账户的真实性证明等。货币中的每条账目都具有很强的自我保护功能。在"一物一证，一事一证"的证明体制中，可以不采用打包签名的粗犷做法，因为票据在解包以后各账目就变成了无设防的账目。因此，根据复合体的用途，准确定义复合体的组成，对安全是至关重要的。例如，用于通信链接的报头格式是一个实体，至少包括发信者的真实性证明、收信地址的真实性证明，因为如果没有收信地址的真实性证明，照样可以发生以复制方式进行的非法接入和 DoS 攻击。如果在数字货币中不定义收款账户的真实性证明，这种货币就怕丢失、数据库账目也怕丢失。

在现实中存在大量复合事件，如果能够把关联事件和复合事件有机地分类为单一事件的集合，安全性证明就变得简单易行。但复合事件的分类不是一蹴而就的，事件的鉴别是以分类学为基础的，因此事件的分类问题在安全性证明中，占有非常重要的地位。例如，支付事件是通信事件、付款事件、结账事件、收据事件的复合事件。由于逻辑链接的独立性，每个事件都具有独立性，只要分离出独立事件，复合事件的安全性就容易证明。因此，在安全系统的设计中，首先要明确如何定义一个复合事件，定义复合事件应包括哪些单一事件，单一事件的复合是否满足完备性和简洁性等。具有完备性的小复合事件再聚集成更大的事件。有的复合事件不是简单单一事件的堆积，而是相互关联的有机整体，那么这种复合事件在事件之间必然形成有机的证据链，证据链保证复合事件的完整性。

如果物联网中的任意实体，均能被证明或验证其真实性；如果事联网中的任何事件，也均能被证明其真实性，那么我们就可以说，这就是安全的最终解决方案。

## 6.5 小结

物联网和事联网是"I to I"可证链接的逻辑网络。逻辑网络的概念，将局域网、互联网、物联网、事联网、移动互联网、工业互联网等安全概念统一起来，将对安全的理解提升到一个新的高度。在网络的不同发展阶段，出现过不同的安全逻辑和安全措施。在用新的高度衡量时，有的安全措施已变成新的安全威胁。根据网络战的经验，信任逻辑的远程"口令认证"，成为发生非法入侵的薄弱环节；基于信任转移的登录机制，已成为招致"权力接管"的祸根。过去的措施都是在没有解决标识鉴别技术问题之前不得已采取的措施。如果不站在新的高度，就很难识别真假创新，因为现在很多系统依然沿用历史经验证明错误的逻辑和做法，重蹈之前《信息保障技术框架》的覆辙，书名很对，内容却是到处修边界，把好端端的互联网变成支离破碎的信息孤岛。这本书一出就遭到美国政府的批判。

标识鉴别是信息安全的核心技术，也是通用技术，一个信息系统的安全性是否完备，其检验标准很简单：就要看它是否建立在标识鉴别的基础之上。如果网络通信不采用标识鉴别就很难实现溯源性证明、防止DoS攻击和非法介入；如果操作系统不采用标识鉴别就很难识别恶意软件入侵和执行；如果支付系统不采用标识鉴别就很难防止假账户的替换攻击。标识鉴别也是构建自主可控安全体系的基础。自主可控理论将被动防护的安全策略转变为主动管理的策略；将基于信任的"可信系统"转变为基于证据的"可证系统"；逻辑化理论将形象化的思维模式转变为抽象化的思维模式，使我们可以用简单的办法解决复杂的信息安全问题。

构建自主可控的物联网、事联网安全体系是庞大的系统工程，需要全人类的共同合作。

# 参考资料

① Orange Book Rainbow Series Verified Protection Mandatory Protection Security domains Superseded Common Criteria TCSEC U. S. DoD Orange Book, 1983 年发布.

② PITAC. Protecting America's Critical Infrastructures (PDD 63). Presidential Decision Directive, 1997 年发布.

③ Department of Defense (DoD), Zero Trust Reference Architecture，Version 1.0, 2021 年 2 月发布.

④ 南湘浩. CPK 标识认证. 北京：国防工业出版社，2006 年版.

⑤ President's Information Technology Advisory Committee. Cyber Security. A Crisis of Prioritization. A Report to President, 2005 年发布.

⑥ Department of Defense (DoD), Zero Trust Reference Architecture，Version 1.0, 2021 年 2 月发布.

⑥ Information Assurance Technical Framework, issued by National Security Agency, Information Assurance Solutions Technical Directors, Release 3.0, 2000 年发布.

# 第 7 章

## 实现技术

本书所用的赛博是物联网和事联网的综合，即包括了静态实体和动态实体。中文的信息包括具体信息和抽象信息，分别对应英文的 Information 和 Cyber。为了区分具体信息和抽象信息，在本书中，将抽象信息直接用赛博一词来描述。

在研究信息安全关键技术时，本书回顾了在不同发展阶段的主要任务和关键技术，着重探索赛博安全的主要任务和核心技术。从研究现代密码开始，我们经历了通信保密年代、局域网信息安全年代、开放网赛博安全年代等不同的发展年代。在不同的发展年代，赛博安全提出了不同的安全需求，形成了不同的主要任务和关键技术。当然，有的发展阶段的业务需求较为简单，主要任务和关键技术不言自明，但是有的发展阶段的业务需求很复杂，没有系统地研究是很难确定主要任务和关键技术的。在每个发展阶段，我们弄清楚主要任务和关键技术，业务进展就会顺利，就可以少走弯路。

在信息安全的发展道路上，曾经经历过一次重大转变，这种转变是由广域网的出现引起的，产生了新的安全理论、新的关键技术、新的安全原则、新的安全策略。这种转变首先是美国提出的，美国一直走在前面，引领信息安全的发展，但苦于没有解决关键问题的技术。这个关键问题首先由中国民间来解决，并形成新的安全理论。中国人解决实际技术问题的能力不落后于美国。很多问题中国人早已解决了，如局域网信息安全、标识映射的密钥分发等，但不知道解决了什么，直到美国人提出来才恍然大悟，觉得"这个问题我们早就解决了"。这说明我们在理论方面有一定的差距。

## 7.1 加密技术

20 世纪 70 年代，在全军高速通信工程中，研究人员研制了我国第一台电子密码机 M06，使我国进入了以数据加密为主的通信保密年代，摆脱了传统的手工作业，进入现代密码作业的阶段，与国外的差距从 40 年拉到 10 年以内。加密作业依附于通信，全网使用一个密钥，均以相同的级别工作，即单极控制。通信保密时代的主要任务就是设计电子密码，而电子密码的核心技术是线性反馈移位寄存器（LFSR）。当时美国的水平最高，20 世纪 60 年代已将 30 级线性反馈移位寄存器用在了密码机上。中国到了 20 世纪 70 年代才掌握了 LFSR 的各种规律，这是能够设计电子密码的基础。20 世纪 70 年代出现了分组密码，分组密码是按香农理论，通过简单算法的多层迭代达到很高复杂度的密码，这是数据加密领域的一次飞跃。于是，编密的门槛大大降低，以至于在 1996 年，在意大利佩鲁贾大学召开的欧洲密码年会上有一专家宣称："密码技术已饱和了"。序列密码已被分组密码所取代，从此以密码研究为核心的时代一去不复返了。当年美军的绝密级电子密码机 KW-7 也已经变成爱好者的收藏品。

## 7.2 密钥技术

20 世纪 80 年代，美军启动了国防保密网络系统（DSNS），我军启动了全军网络安全保密"918"系统。美军在国防部"橘皮书"中提出了多级控制的原则，并以传统的端对端技术勉强实现了对 10 万级的密钥管理。但由于互联网建设，原定于 1991 年完成的工程，中途停下来没有再进行。我军以 DLP 双层密钥技术和标识映射技术实现了对 100 万级的密钥管理，按计划进入了多级控制的信息安全年代，走在了美军的前面。共享体制下的多级控制，是靠密钥管理技术实现的。在科恩编写的《破译者》中有一句名言："一切秘密都寄寓于密钥之中"。密码就像一杆枪，密钥就是子弹，没有子弹的枪就等于一根木棍子。网络通信的出现，把密钥提高到比密码更高的位置。密码和密钥不是一个概念，同样，加密和鉴别也不属于同一范畴，如果混淆了，就很难确定主要任务，很难找到关键技术所在。

1983 年，Shamir 第一次提出将标识作为公钥的概念，以此解决密钥的规模化和公钥的分发难题，可惜没有成功，但指出了密钥技术发展的方向。2000 年，中国发明了 CPK，以标识到密钥的映射解决了密钥的规模化和公钥分发问题，并形成了 CKE 密钥加密协议。在无边界的广域网中，任何两个实体间可以发送交信双方封闭的加密数据。

## 7.3 鉴别技术

2000 年，互联网安全进入赛博（Cyber）安全时代。布什政府的总统信息技术顾问委员会（PITAC）在《赛博安全：优先项目危机》的报告中第一次提出赛博安全的新概念，并明确了安全策略由被动防御转变为主动管理；安全原则由"互相信任"转变为"互相怀疑"，首要任务是解决数十亿规模的鉴别技术的问题。从此，赛博安全的主要技术由加密技术转换为鉴别技术。这是具有划时代意义的转变。从此摆脱了基于主观信任的证明逻辑，开辟了基于客观证据证明的新路径。这是决定未来技术路线的分水岭。这一时期，社会上出现了很多新体制，如 SET、PKI 等，并产生了第三方 CA 认证的新概念。在诸多技术中，形象化的第三方认证体制更容易被人们理解，于是中国进入了 PKI 时代。

赛博空间的鉴别技术是靠密钥技术发展起来的。2006 年，CPK 以标识鉴别技术解决了密钥的规模化问题，创建了真值逻辑，将实体分为标识和本体，以标识鉴别技术解决了"数字签名"协议的问题，以此解决了三体鉴别的难题，并构建了示证和验证统一的"唯证据构架"。

2021 年，美国联邦政府和国防部提出"零信任构架"，才认识到"标识"的概念，并提出"永不信任，总要验证"，但没有解决验证什么，怎么验证的问题。要解决标识鉴别的问题还需要走很长一段路。

## 7.4 自主技术

20 世纪 90 年代，世界进入互联网时代。由集团化通信转变为个人化通信，这是伟大的进步。美国克林顿政府公布了 PDD63 总统令，互联网安全的主要任务是脆弱性分析、打补丁、堵漏洞。互联网的安全要靠全体网民的安全意识来维系，这就是所谓的信息自主（Information Assurance）策略，即所谓的深层次安全战略。策略定对了，但主要任务却定错了，将互联网安全狭隘地理解为系统安全，而系统安全只是互联网安全的一个组成部分，还有网络安全、交易安全等，但这是第一次明确提出互联网安全要靠全体网民的共同努力，单靠专门的管理机构是不行的。

从互联网开始，中国一直采取了"跟随"政策，但是由于翻译和理解上的差异，不仅没有采取信息自主的开放策略，仍停留在单极控制的旧模式上或停留在信息由官方"保障"的局域网策略上，这种认识上的滞后成为我国信息安全向前发展的阻力。

信息自主是"我的信息由我来管"或"我的安全由我负责"，防止由别人来管我的信息或我的系统。信息自主系统在每个环节都实现了"示证-验证",防止信任的转移,防止非法入侵、非法操作,成为赛博安全的原则。信息自主说起来容易,但实现起来有难度,因为它需要具有识别真假、识别敌友的能力。

## 7.5 证明技术

### 7.5.1 单步鉴别

物联网是由实体互联的逻辑网络,事联网是由事件互联的逻辑网络。因此,需要把安全的思维方式从物理线路互联的形象逻辑,提高到逻辑链接的抽象逻辑。物联网和事联网,只有静态实体和动态实体的差别,其属性都是实体,而实体鉴别的基础是标识鉴别。实体鉴别与标识鉴别结合起来,可以进行身份鉴别、从体鉴别、客体鉴别。这几个鉴别,可以单独进行,也可以一次完成。GAP 一步协议,是通用鉴别协议,即 General Authentication Protocol,统一解决物联网和事联网的真实性证明问题,实现"一物一证,一事一证"的当场鉴别,杜绝一切信任的转移,并使证明具有事前性、单步性、普适性和当场性。一步鉴别协议是落实物联安全、事联安全的基本技术手段,这大大改善了传统的安全套接层协议,安全套接层协议只能用在在线通信中,却需要 6 次来回的应答,而 GAP 一步协议一步就能完成,因此适用于通信或交易,在线或脱线。当然,实体有复合实体,事件也有复合事件,但是任何实体都以标识自然分类,其安全性的证明就像堆积木一样简单。如果能对每个实体和每个事件给出真实性证明,整个赛博安全问题就能迎刃而解。这也许是各国专家梦寐以求的所谓"银弹"(灵丹妙药之意)。

### 7.5.2 证明的客观性

真值逻辑是基于证据的逻辑,与以往基于行为的信任逻辑、基于模型推理的相信逻辑不同，证明所依据的证据是客观的，证明结果只是：yes 或 no，没有主观性。真值逻辑鉴别的对象有两种：实体和事件。基于证据的真值逻辑，证据一定是客观的，不能再把信任、共识、假设等主观因素当证据。

首先以 Alice 对客体 Object 真实性证明与验证为例，证明方 Alice 选择一个随机数 $k$ 计算证明码 $s$ 和核对码 $c$，签名码为 $(s,c)$。

$$k^{-1}(\text{Object} + \text{sk}_{alice}) \bmod n \equiv s; \quad k \cdot G = (x,y) \to c;$$

验证方首先计算证明方的公钥 $\text{PK}_{ALICE}$，然后进行验证：

$$s^{-1}(\text{Object} \cdot G + \text{PK}_{ALICE}) \to c'$$

如果 $c = c'$，那么，证明公私钥是配对的；由于密钥是由标识派生的，因此密钥和标识的一体性成立；因为有经过鉴别的标识的签名，所以客体是真实的。可见，在证明和核对中没有假定、没有第三方的介入。

### 7.5.3 证明的普适性

寰博空间由实体和事件构成，实体由标识和本体构成，所以其真实性证明也由标识证明和本体证明构成。同样，事件由受理过程和采纳过程构成，所以其真实性证明也由受理证明和采纳证明构成。受理过程总是在采纳过程之前进行，于是形成了"事前鉴别"的概念。A 把 X 元交给了 B，那么 A 是主体，B 是从体，X 是客体，A 发生付款事件，B 发生收款事件。付款方提供两个证据，一是用于事前鉴别的证据，二是用于事后鉴别的证据。用于事前鉴别的证据是付款方对收款方的签名，而用于事后鉴别的证据是付款方对客体的签名。

B 的验证分两步进行。第一步在受理阶段，验证事前鉴别的证据，即 A 和 B 的真实性。第二步在采纳阶段，验证事后鉴别的证据，即客体 X 的真实性。受理和采纳是交易的叫法,通信中则称接入和接收过程。

由此可见,在一事一证的逻辑中,一个实体无论承担什么角色,主体、从体、客体都能得到真实性证明。

### 7.5.4 证明的完备性

系统所证明的元素要包括:一是主体所声称的标识真实性;二是主体所声称的从体真实性;三是主体所声称的客体真实性;四是 KMC 所声称的公钥数组的真实性。公钥数组由 KMC 公布,具有真实性证明,任何验证方都可以检查其真伪。KMC 确定作用域,在本作用域内保证证明的完备性。KMC 公布的签名是$(s,c)$,验证时验证方首先计算 KMC 的公钥$PK_{KMC}$,然后计算:

$$Hash(Array) = h$$

$$s^{-1}(hG + PK_{KMC}) \rightarrow c'$$

本验证在系统在启用时只检查一次即可。

PKI 的 CA 不具有证明自己有标识的真实性的能力,那么证明的完备性是做不到的。

# 7.6 小结

信息自主是赛博安全的基本策略,是研究信息系统只被我控制而不被他人控制的技术。"我的安全我做主"说起来容易,做起来不容易。赛博安全要做到信息自主,首先要识别"敌友"和"真假"。标识鉴别实际上实行"我方鉴别"原则,即"非我即敌"。标识鉴别对声称项的证明直接提供"敌友识别"或"真假识别"的依据。信息自主的实现,给安全思维方式带来很大变化：可将被动变为主动，不怕非法接入、恶意软件的入侵，因为信息自主的技术可以不让它起作用，就像数字货币一样，不怕丢失，因为同样的货币在别人手里就失去意义。

任何实体的真实性证明，任何事件的真实性证明都离不开主体所声称的标识真实性证明，如果一个实体没有标识真实性证明，那么它的安全性是无本之木。也就是说，如果没有所声称的标识项的证明，数字货币也做不出来，因为证明不了是哪个银行的货币。同样，如果没有主体所声称的标识项证明，数字印章也做不出来，因为证明不了是哪个实体的印章。标识鉴别不仅是赛博安全的核心技术，也是社会管理的核心技术。公安部发行"居民身份证"，这本是我国的创新，在物理世界中能发挥其应有的作用。但是，如果直接把它电子化上网，对姓名、照片、地址、身份证号、发行机构等都没有给出证明，那么其对应关系只能靠庞大的后台系统的支持。如果对主体所声称的所有项目都能给出证明，使人人都能直接验证其真伪，也许不需要庞大的支持系统。

由于 CPK 解决了公开计算任何公钥的问题，因此不仅解决了签名的验证问题，也解决了密钥的加密问题，同时解决了安全和保密问题。实践证明，GAP 一步协议应用于通信、可控制接入，提供溯源性证明，不怕非法接入和 DoS 攻击；应用于计算机内核，可控制非授权软件的下载、安装、调用、执行，不怕恶意软件的入侵和后门；应用于交易，可构造用于支付和结算的数字货币，不怕丢失和不需要金库；应用于办公，可构造网上网下互通的数字印章，解决电子办公的瓶颈；应用于物流，可构造防伪标签，防止证件或产品的伪造；应用于信号系统，可在复杂的遥控信号环境中准确控制各种信号等。如果将每次证明结果汇总在一起，则自动形成全网运行态势图。

关键技术的探索是不断抽象的过程，现已将赛博空间的组成抽象为静态实体和动态实体，又将实体分解为标识和本体。这是信息安全研究的基本单元。关键技术也不是万能的，对信息系统来说，对病毒的复制攻击是无能为力的。因此，将如何防止病毒的复制攻击作为专题研究是必要的。

# 参考资料

① Orange Book Rainbow Series Verified Protection Mandatory Protection Security domains Superseded Common Criteria TCSEC U.S.DoD Orange Book, 1983 年发布.

② Shamir A. Identity-based cryptosystems and signature schemes. Advances in Cryptology, 1984 年，第 21 卷，第 2 期，页码：47-53.

③ President's Information Technology Advisory Committee. Cyber Security. A Crisis of Prioritization. A Report to President, 2005 年发布.

④ Department of Defense (DoD), Zero Trust Reference Architecture，Version 1.0, 2021 年 2 月发布.

⑤ PITAC. Protecting America's Critical Infrastructures (PDD 63). Presidential Decision Directive, 1997 年发布.

⑥ 南湘浩. GAP 一步协议. 通信技术. 2020 年发布.

# 第 8 章

# 两种构架

主体鉴别是信息安全的核心技术,传统的做法是建立信任关系的认证技术,如口令认证、第三方认证等,另一种新技术是基于证据的鉴别技术,以标识签名提供真实性证明。美国国防部和联邦政府提出"零信任构架"要求"永不信任,总要验证",但没有提出验证什么。在验证方法上,由于没有解决标识签名的信任问题,仍强调用"强口令"和"简易证书"等基于信任的认证逻辑,没有摆脱信任逻辑的束缚。

信任逻辑在面对面的交易中和点对点的通信中,为建立信任关系,提供办事的依据,发挥重要的正面作用,但到了网络时代开始暴露出很多不安全的因素,也做不到主体的真实性证明,成为赛博安全发展的瓶颈。

在真实性证明的鉴别逻辑中,信任不再是证明的依据。这是一个在概念上的大转变,概念的转变并非易事,本章将基于信任的认证逻辑和基于证据的鉴别逻辑用比较的方式进行探讨。

主体鉴别是信息安全的核心技术,但一直是一个难点。美国国防部和联邦政府推行的"零信任构架",再一次把"信任"问题推到风口浪尖上。2005年,美国总统信息技术顾问委员会(PITAC)在《赛博安全:优先项目危机》报告中第一次提出将"互相怀疑"作为安全原则。这是经过多年的实践得出的划时代的结论。这本是鉴别理论发展的一个分水岭,但是时过20年,仍停留在信任逻辑时代,没有取得任何进展。美国国防部和联邦政府又都重新提出"零信任构架"的概念,主张"永不信任,总要验证"。在主体真实性的证明中,将不信任作为出发点是对的,总要验证也是对的,但没有指出验证什么。在这个"零信任构架"中,第一次提出"标识"的概念,将身份(Identity)和标识(Identifier)区分开来,终于走上了主体鉴别的必经之路,尽管还没有找到解决标识鉴别问题的办法。

主体真实性证明体制现有两种，一是基于信任的 PKI（公钥构架）认证体制，二是基于证据的 CPK（组合公钥）鉴别体制。通过这两种体制，研究信任机制的认证系统和非信任机制的鉴别系统的差异，将认证体制和鉴别体制的讨论进一步深入下去，让我们信息安全的理论研究走上正确的轨道。实际上，"互相怀疑"和"零信任"的提出，预示着信任逻辑时代的结束，而基于证据的鉴别体制的兴起点燃了新逻辑发展的火种。

## 8.1 管理模式

### 8.1.1 分散模式

个人生成密钥的体制称为分散制，分散制的概念是随着互联网的出现，打破了专用网封闭式管理而产生的新概念。过去专用网的用户基本都是军队和相关政府部门，现在扩大到了全体网民。正当这个时候，非对称公钥体制出现了，在广域网中可以任意实现交信双方的封闭。美国国家安全局意识到将封闭的局域网上的分级管理办法移植到开放的互联网的计划行不通，必须研究新的管理方法。道理很简单，技术已发展到交信双方就能自行封闭的程度，再没有分密级的封闭的需要。后来采取的军民结合的政策等，都随着新技术的出现而产生重大变化。在这种环境下，分散制的密钥管理是由 PGP 提出来的，密钥由个人生成，将公钥公布就行。PKI 在 PGP 分散制的基础上，以证书形式将私钥与公钥绑定。证书形式原产生于美国防部的军网，密钥由密钥管理中心生成，私钥以证书形式分发，公钥在库中公布，称为证书中心（Certificate Agency，CA）。PKI 借用了证书的形式，分发与私钥绑定的公钥，开始称为证书认证 CA（Certificate Authentication），后改为证书中心。

PKI 证书的分发形式有两种：一种是在线分发，另一种是脱线分发。在线分发机制只要分发中心被破坏，就会导致全网的瘫痪，而脱线分发机制，部分被破坏不影响全网的运行，但会丢掉加密功能。另外，个人生成私钥的体制具有过分的排他性，对监管机构也具有排他性。这种排他性，如果被黑社会、贩毒集团所用，会给破案造成很大困难，显然对维护国家利益是不利的。

### 8.1.2　集中模式

CPK 集中式管理是传统的密钥管理模式，能否适应规模化、个体化、开放化的需求是衡量密钥管理是否合理的唯一标准。集中式管理和分散式管理只是管理手段的不同，没有原则差别。其实 PKI 也能实行集中式管理。中国海关在引进 PKI 的基础上，根据自己的业务需求创造性地采用了中心分发密钥的体制。客户用中心分发的私钥签名，海关用中心定义的公钥验证，就像在计算机中设置口令，自己设置、自己检查，与第三方证明有本质的差别。选用什么样的机制应该是用户的权利。欧洲电子签名法规定，只要交易双方认可就具有法律效力。这既简单明了，又符合尊重用户权利的合同法。

CPK 只用很小的数组空间即可代表无限个公钥，解决了密钥的规模化问题，更重要的是 CPK 是在标识和密钥间建立了一一对应的映射关系，不仅能解决标识和本体的真实性问题，也能证明主体的真实性。

## 8.2　证明逻辑

### 8.2.1　信任逻辑

PKI 认证系统是基于信任转移的理论构建的证明系统，靠第三方证明的方法实现。美国国家安全局编写的《信息保障技术框架》中对PKI的信任转移是这样描述的：如果两个CA间建立了信任关系，那么两个CA下的雇员具有相同的信任关系。Schnaier曾说过，如果这种逻辑成立，那么可以得出UCLA毕业生可以到MIT领毕业证的结论。实际上，国际标准CC中对信任转移的描述是信任的淡化，因此转移次数不能超过4次。PKI企图用信任转移增加CA数量，以此解决规模化的密钥问题。

信任作为社会学术语，起着很重要的作用。在物理世界中，物理介质可以提供一定的证明，但是在逻辑世界中不存在物理介质，基于信任的逻辑，不能构造客观而完备的签名协议。鉴别系统证明所需要的是证据而不是信任，证明与信任无关。在证明中也不需要任何共识、规范、道德等，因为人为规定均属于信任的范畴。信任在物理世界中能提供办事的依据，但不能作为事后的证据。因此，信任只适用于事后不再需要保留证据的场合。美国根据网络战的经验，认识到网络战最有效的手段是通过口令获取登录，利用信任转移接管系统的权力，于是信任转移已变成安全隐患。

### 8.2.2 鉴别逻辑

CPK鉴别系统是基于证据的证明系统，靠真值逻辑实现。在真值逻辑中将身份定义为标识和本体的统一体，通过标识的真实性证明实现实体的真实性证明。2005年PITAC在《赛博安全：优先项目危机》报告中宣称："赛博安全很复杂，不存在'银弹'。"但是，2006年在中国民间的QNS工作室认识到身份是由标识和本体组成的复合体，主体鉴别只能通过标识鉴别才能实现，而只要解决了主体真实性的问题，其他安全性证明问题就变得像堆积木一样简单。由此，主体鉴别成为信息安全的核心技术。

真值逻辑是基于证据的鉴别逻辑，由示证系统和验证系统构成，示证什么就验证什么，没有示证就没有验证。从理论研究的角度，鉴别逻辑只停留在信任逻辑上，鉴别理论就无法向前发展。建立信任关系不是鉴别系统要达到的最终目的，而是要证明主体的真实性，实现信息自主才是真正目的。由于真值逻辑解决了主体标识的真实性证明问题，密钥管理中心也能给出自身真实性证明和公钥数组真实性证明。CPK 体制在中心、用户、数组之间形成严密的证明关系，从此密钥分发摆脱了信任逻辑的束缚，开辟了基于证明关系的新型密钥分发方式。

## 8.3 证明方法

### 8.3.1 PKI 证明方法

PKI 的证明方法是利用数字签名标准 DSS 进行的，而 DSS 是证明公、私钥是否为一对的数学公式，其证明是用私钥和随机数分别计算核对码 $c$ 和证明码 $s$，而其验证是用公钥和证明码计算核对码 $c'$，如果 $c=c'$，则能证明公私钥的一对性，在证明方和验证方之间可以建立信任关系，但这并不是签名，因为只证明了公私钥的一对性，而没有证明主体真实性。因此，DSS 本身不具备签名功能。为了使 DSS 具有数字签名功能，CA 还要给出密钥持有者的证明，这样将 DSS 和 CA 结合起来构成"数字签名"，但是这只能证明 CA 在真实的情况下才能成立。但在主体真实性证明问题没有得到解决之前，CA 的真实性是无法得到证明的。数字签名的寿命应与签署文件的寿命相同，所以在文件的有效期内，密钥是不能更换的。但是个人化分散体制下，密钥是可以更换的，因此验证方还需要查阅密钥的有效性。

"零信任构架"要求"永不信任，总要验证"，永不信任的提法没有错,但没有意义,因为"互相怀疑"和"不信任"只是一个安全原则,与真实性证明无关。不过从伦理上来说,凭什么怀疑谁或不信任谁?总要验证的提法没有错,之所以没有意义是因为没有提出验证什么。由于美国没有解决标识鉴别技术的问题,所以不得不回到信任逻辑中,以强口令、简易证书等方法企图用模拟当面交易的方法实现远程的主体鉴别,不得不依靠信任逻辑。

### 8.3.2 CPK 证明方法

CPK 的证明方法首先是在标识和密钥之间建立了一一映射的关系。因此,密钥的一体性可以直接证明标识的真实性;其次是公布公钥数组,使验证方均可计算对方公钥。

标识真实性证据是标识签名,称为 IDS,签名由证明码和核对码构成。

证明码 $s$ 是随机数 $k$ 的逆与私钥 sk 的乘积:

$$k^{-1} \text{sk} \bmod n \equiv s$$

核对码 $c$ 是随机数 $k$ 和生成元 $G$ 的乘积经单项函数变换的数:

$$kG = (x, y); \quad (x+y) \bmod 2^{16} \to c$$

其中,$G$ 是生成元,$(s,c)$ 构成标识签名。

核对码 $c'$ 是证明码 $s$ 的逆与公钥 PK 的乘积经单项函数变换的数:

$$s^{-1}\text{PK} = kG \to c'$$

如果 $c = c'$,则证明 sk 和 PK 是一对密钥,密钥的真实性得到了证明。因为密钥是直接由标识产生的,所以密钥的真实性可以直接证明标识的真实性。

在标识的真实性得到证明以后，就可以利用椭圆曲线的组合原理，证明各种复合体的真实性，如标识和本体的复合证明身份的真实性、标识和从体的复合证明从体的所属性、标识和客体的复合证明对客体负责性等。复合式证明可以同时证明标识、本体、从体、客体的真实性，并提供溯源性、所属性、负责性证明。CPK 的公钥数组是密钥管理中心签名后公布的。因此，作用域是清楚的，而且人人都可以亲自验证，这是与 CA 的最大不同点。

## 8.4 通信事件

通信事件分两个事件，在发送端发生发送事件，在接收端发生接收事件，发送事件和接收事件构成逻辑的事联网（IoE）。在事联网中，发送信息的主动权掌握在发送方，因为它可以随意发送信息，包括病毒等恶意软件。但实际控制权却掌握在接收方，接收方有权决定接收或拒收，处理或不处理。由于鉴别系统是示证系统和验证系统的统一，在发送事件中要提供真实性的证据，以保证在接收事件中验证得以通过。

### 8.4.1 CPK 通信事件

发送方提供主体、从体、客体的真实性证据，如 Alfa 发送数据 X 给 Beta，那么 Alfa 是主体，Beta 是从体，data 是 X。

发送证据有两种情况，一是接收方需要"事前鉴别"和"事后鉴别"分开处理的情况，如业务量很大的在线通信；二是不需要分开处理的情况，如电子邮件等脱线通信。其中事前鉴别是在数据传输之前进行的，而事后鉴别是在数据传输之后进行的，事前鉴别和事后鉴别互为独立。

CPK 的发送事件:

用于事前鉴别的证据包括发送地址 Alfa、目的地址 Beta 及数据 X 的真实性的证明。签名执行 CPK 的标识签名(Identifier Digital Signature，IDS)。

用于事前鉴别的证据有四种:

第一种是静态标识鉴别，静态标识签名（Static Identifier Signature）提供真实性证据。静态标识签名的证明码 $s$ 是标识私钥和随机数的乘积。核对码 $c$ 是随机数和生成元的乘积:

$$k_1 G = (x_1, y_1);\ (x_1 + y_1)^2 \bmod 2^{16} \equiv c_1$$

$$(k_1^{-1} \mathrm{sk}_{alfa}) \bmod n \equiv s_1$$

$$\mathrm{SIC} = (s_1, c_1)$$

其中，$k$ 是用随机数，$G$ 是生成元，$\mathrm{sk}_{alfa}$ 是 Alfa 的私钥，$c$ 是核对码，$s$ 是签名码，$(s,c)$ 构成签名。静态标识鉴别码 SIC，替代传统的"口令认证"，但不能防止复制攻击。

第二种是动态标识鉴别，动态标识鉴别码 DIC，签名私钥加上时间因素，替代动态口令，防止复制攻击和 DoS 攻击:

$$k_2 G = (x_2, y_2);\ (x_2 + y_2)^2 \bmod 2^{16} \equiv c_2$$

$$(k_2^{-1}(\mathrm{sk}_{alfa} + (2022))) \bmod n \equiv s_2$$

$$\mathrm{DIC} = (s_2, c_2)$$

第三种是本体鉴别，本体鉴别码是 Ont，是标识对本体的签名，可称为本体签名或主体签名，是完整的身份鉴别:

$$k_3G = (x_3, y_3);\ (x_3 + y_3)^2 \bmod 2^{16} \equiv c_3$$

$$k_3^{-1}(\text{Ontology}+\text{sk}_{alfa}) \bmod n \equiv s_3$$

$$\text{Ont} = (s_3, c_3)$$

第四种是从体鉴别，从体鉴别码是 Slave 是标识对从体的签名：

$$k_4G = (x_4, y_4);\ (x_4 + y_4)^2 \bmod 2^{16} \equiv c_4$$

$$k_4^{-1}(\text{Slave}+\text{sk}_{alfa}) \bmod n \equiv s_4$$

$$\text{Sla} = (s_4, c_4)$$

用于事后鉴别的证据有两种：

第一种是对客体的鉴别：客体鉴别码是 Object 是标识对客体的签名。

$$k_5G = (x_5, y_5);\ (x_5 + y_5)^2 \bmod 2^{16} \equiv c_5$$

$$k_5^{-1}(\text{Object}+\text{sk}_{alfa}) \bmod n \equiv s_5$$

$$\text{Obj} = (s_5, c_5)$$

第二种是对复合体的鉴别：一个签名同时证明标识、从体、多个客体的真实性，称复合鉴别。复合签名 Com 是标识对复合体的签名。

$$k_6G = (x_6, y_6);\ (x_6 + y_6)^2 \bmod 2^{16} \equiv c_6$$

$$k_6^{-1}(\text{Slave}+\text{Object}+\text{sk}_{alfa}) \bmod n \equiv s_6$$

$$\text{Com} = (s_6, c_6)$$

发送方可以对数据加密，加密执行 CPK 的密钥加密协议 CKE。

首先计算接收方（Beta）的公钥 $\text{PK}_{BETA}$：

$$\text{Hash}(\text{IP}_{BETA}) = v_i; \ \sigma \Sigma R_{v_i} = \text{PK}_{BETA}$$

用对方的公钥 $\text{PK}_{BETA}$ 对数据加密密钥 key 加密：

$$kG \to \text{key}; \ E_{\text{key}}(\text{data}) = \text{code}; \ k \cdot \text{PK}_{BETA} = \lambda$$

将(code, $\lambda$)发送给 Beta。

CPK 的接收事件：

接收事件主要验证发送方的证据，验证执行 CPK 验证协议和 GAP 一步协议。

当验证时，首先计算签名方公钥 $\text{PK}_{ALFA}$：

$$\text{Hash}(\text{IP}_{ALFA}) = v_i, \ \Sigma R_{[v_i]} \to \text{PK}_{ALFA}$$

事前鉴别的验证分别是：

第一种：静态标识鉴别，直接证明主体的真实性。

$$s_1^{-1} \text{PK}_{ALFA} = kG \to c_1'$$

第二种：动态标识鉴别，直接证明主体的真实性。

$$s_2^{-1}(\text{PK}_{ALFA}(2022)G) = kG \to c_2'$$

第三种：对本体的鉴别，同时证明主体和从体的真实性。

$$s_3^{-1}(\text{Ontology} \cdot G + \text{PK}_{ALFA}) = kG \to c_3'$$

第四种：对从体的鉴别，同时证明主体和从体的真实性。

$$s_4^{-1}(\text{Slave} \cdot G + \text{PK}_{ALFA}) = kG \to c_4'$$

事后鉴别的验证分别是：

第一种：对客体的鉴别，直接证明客体真实性。

$$s_5^{-1}(\text{Object} \cdot G + \text{PK}_{ALFA}) = kG \to c_5'$$

第二种：对复合体的鉴别，同时证明复合体的真实性。

$$s_6^{-1}(\text{Slave} \cdot G + \text{Object} \cdot G + \text{PK}_{ALFA}) = kG \to c_6'$$

如果数据是加了密的，则在鉴别之前进行脱密。Beta 用自己的私钥脱密出数据加密密钥 key：

$$\text{sk}_{beta}^{-1} \cdot \lambda = \text{key}$$

用数据加密密钥对数据脱密：

$$D_{\text{key}}(\text{code}) = \text{data}$$

## 8.4.2　PKI 通信事件

PKI 的发送事件：

用于事前鉴别的证据：传统的口令认证。

用于事后鉴别的证据：执行 DSS 签名协议。

$$k_1 G = (x_0, y_0);\ x_0 \bmod n \to c_1$$

$$k_1^{-1}(\text{data} + c \cdot \text{sk}) \bmod n \equiv s_1$$

以证书形式提供公钥 PK 的真实性和与标识绑定证明：

$$\text{Hash}(\text{IP}_{ALFA} + \text{PK}) = h$$

$$k_2^{-1}(h + \text{sk}_{ca}) \bmod n \equiv s_2$$

$\text{sign}_1 = (s_1, c_1)$ 和 $\text{sign}_2 = (s_2, c_2)$ 结合起来构成签名。因此，签名长度

过长，不适用于发送事件的示证过程。

PKI 的密钥加密，首先向对方索要公钥证书，然后在验证证书的基础上交密钥加密。

PKI 的接收事件：

事前鉴别：口令可对比，但不能证明主体的真实性。

事后鉴别：执行 SSL 协议，需要 6 次握手和 13 次会话。首先利用发送方提供的公钥 PK 验证对客体的签名。

$$s_1^{-1}(\text{data} \cdot G + c_1 \cdot \text{PK}) \to c_1'$$

如果 $c_1 = c_1'$，则证明签名所用私钥 sk 和验证所用公钥 PK 是一对密钥，因此客体 data 是真实的。但是还没有证明是谁的签名。由于发送方的标识和公钥是由证书绑定的，因此还要验证证书：

$$\text{Hash}(\text{IP}_{ALFA} + \text{PK}) = h$$

$$s_2^{-1}(h \cdot G + c_2 \cdot \text{PK}_{CA}) \to c_2'$$

如果 $c_2 = c_2'$，则证明了这是发送方 Alfa 的签名。但是 CA 的真实性还无法证明。

## 8.5 功能与性能

PKI 和 CPK 功能比较如表 8.1 所示。第三方架构和唯证据架构性能比较如表 8.2 所示。

表 8.1  PKI 和 CPK 功能比较

| 功能 | 数组 | 密钥加密 | 签名构成与长度（密钥长度为 $n$） | 验证运算 | 签名协议 |
|---|---|---|---|---|---|
| PKI | CA | 索要证书<br>验证证书<br>加密密钥 | User 公钥：$2nB$<br>User 标识：$6$-$15B$<br>CA 对公钥和标识的 DSS 签名：$2nB$<br>User 对客体的 DSS 签名：$2nB$ | $6nG$ | DSS |
| CPK | 8×8 | CKE 协议 | 用户对客体的 IDS 签名：$1nB+2B$ | $2nG$ | IDS |
|  | 4×4 | CKE 协议 | 用户对客体的 IDS 签名：$1nB+2B$ | $2nG$ | IDS |
| 比较 |  | 3:1 | 6:1 | 3:1 |  |

注：表中的 $nG$ 表示一次椭圆曲线的运算。

表 8.2  第三方架构和唯证据架构性能比较

| 性能 | 第三方架构 | 唯证据架构 |
|---|---|---|
| 安全原则 | 互相信任 | 互相怀疑 |
| 证明逻辑 | 基于信任 | 基于证据 |
| 识别对象 | 对方识别 | 我方识别 |
| 私钥生成 | 分散生成 | 集中生成 |
| 公钥分发 | CA 证书提供 | 验证方生成 |
| 标识签名 | 无 | 由随机数证明 |
| 动态标识 | 无 | 带时间的标识 |
| 从体鉴别 | 无 | 由主体签名 |
| 主体证明 | 无 | 由标识证明 |
| 身份证明 | 无 | 由标识证明 |
| 客体证明 | DSS 签名 | 由标识证明 |
| 签名协议 | DSS 签名标准 | IDS 签名协议 |
| 数字印章 | 无 | 签名印章 |
| 防伪标签 | 无 | 主体对物体的签名 |
| 受理鉴别 | 无 | 鉴别标识、本体、从体 |
| 采纳鉴别 | 靠证书证明 | 验证客体 |
| 密钥加密 | 无 | CKE |
| 密钥作用域 | 无 | 公钥数组由 KMC 签名公布 |
| 软件商标 | 无 | 发行者对软件的签名 |
| 一级授权 | 单级信托计算 | 系统软件厂家签名 |
| 二级授权 | 无 | 软件客户签名 |

续表

| 性能 | 第三方架构 | 唯证据架构 |
|---|---|---|
| 三级授权 | 无 | 软件用户签名 |
| 数币发行 | 央行统一发行 | 央行发行授权书 |
| 数币模板 | 无 | 商行发行 |
| 数币开具 | 无 | 账户开具 |
| 数币流向 | 无 | 收发双方被指定 |

## 8.6 小结

CPK 和 PKI 的功能差异主要体现在能否证明标识真实性，这关系到能否实现"事前鉴别"的功能，而这些是能否达到信息自主目标的关键要素，如在通信中先鉴别标识真实性以后才能进行数据传输，在交易中先鉴别货币的真假后才能收款。PKI 以证书补充其主体鉴别功能，但证书的使用，额外增加了验证证书的负担。特别是当系统扩展的时候，不同 CA 之间只能是信任关系。

在通信领域及经济领域，主体鉴别的需求越来越迫切，在这种情况下，深入讨论零信任架构或唯证据架构是必要的。

## 参考资料

① Department of Defense (DoD), Zero Trust Reference Architecture, Version 1.0, 2021 年 2 月发布.

② President's Information Technology Advisory Committee. Cyber Security. A Crisis of Prioritization. A Report to President, 2005 年发布.

③ Clay Wilson, Information Warfare and Cyber war: Capabilities and Related Policy Issues, CRS Report for Congress, 2004 年 7 月 19 日发布.

④ 南湘浩. CPK 标识认证. 北京：国防工业出版社，2006 年版.

⑤ National Institute of Standards and Technology, INST PUB 186, Digital Signature Standards, U.S. Department of Commerce 1994.

⑥ 南湘浩. GAP 一步协议. 通信技术，2020 年发布.

# 第2部分

## 应用篇

# 第 9 章
# CPK 虚拟网络

## 9.1 标识到标识的链接

世界是由实体构成的，静态的实体构成物联网，物联网安全的核心是证明实体真实性，而任何实体之间的互动，都会产生一个"事件"，如在通信系统中，发送方发生发送事件，发送真实性证据，而接收方发生接收事件，验证发送方的证据。于是在发送事件和接收事件之间形成逻辑链接。逻辑链接是从实体标识到实体标识的链接，即 Identifier to Identifier（I to I）模式。实体真实性证明是通过标识鉴别和本体鉴别来实现的，而其标识真实性是可以证明的，因此，所说的逻辑链接是可证链接。事件是以进程形式体现的，而接入进程总是在接收进程之前发生，称为事前鉴别，是真正的防非法接入手段。由于标识是唯一的，因此各实体互为独立，各事件之间也互为独立，进而各事件所形成的逻辑链接也互为独立。这种独立性，给系统安全性证明带来极大方便，过去是无法证明的，现在变得容易证明了。因为只有单一事件才能准确勾画出安全的特性，因此将复合事件逐一分解为单一事件至关重要。一个好的总体解决方案应是各事件有机而完整的证明链。

在物联网中，实体真实性证明是在以实体标识链接的逻辑链接中进行的，IP 链接的互联网中发生任何非法事件，最终在逻辑链接中都能够发现，从而弥补了因特网等不提供源地址证明的致命不足，大大提高了网络的安全性。逻辑链接具有独立性，当安全问题从形象化的思维提高到逻辑化的抽象思维时，就能得到更加合理的解释，并形成更加合理的解决方案。

## 9.2 链接的独立性

逻辑因特网简称逻辑网,是用户名到用户名的逻辑链接构成的网。一个实体的标识(用户名)是唯一的,以便区别其他实体。标识到标识的链接构成逻辑链接,这是抽象思维下的网络,与传统的形象思维下的网络不同。逻辑链接的网如图 9.1 所示。

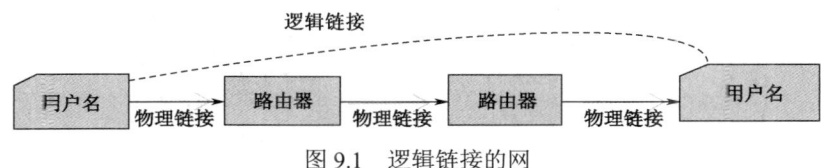

图 9.1 逻辑链接的网

逻辑网络不仅能为 IP 地址之间提供可证链接(但目前我们在因特网上没有修改协议的主控权),也能为用户之间提供可证链接(有制定协议的主控权)。IP 链接是物理链接,而用户名链接是逻辑链接。两种链接互为独立。当两个相邻的路由器相链接时,逻辑网和物理网互相重合。如果在用户层和通信层都能进行鉴别,则形成两层鉴别。如果数据已经通过了用户的鉴别和加密,那么在通过通信通道时,通信系统可再次进行鉴别和加密。通信层的这种作业也许对通信或网络安全有一定意义,但实际上是同一层次上的双重作业。实际上,现行因特网不提供可证通信链接,但是通信层发生的任何非法事件最终均能在用户层的业务链接中被发现、被制止。因此,用户层的逻辑链接完全可以弥补这个缺陷,且不受物理链接中发生的非法事件的影响。

## 9.3 链接的扁平性

在逻辑网中,任何标识到任何标识间的链接形成一种扁平的格状网。

因此密钥分发首先能满足超大规模水平化管理的需求。在标识之间自主可控的链接如图 9.2 所示。

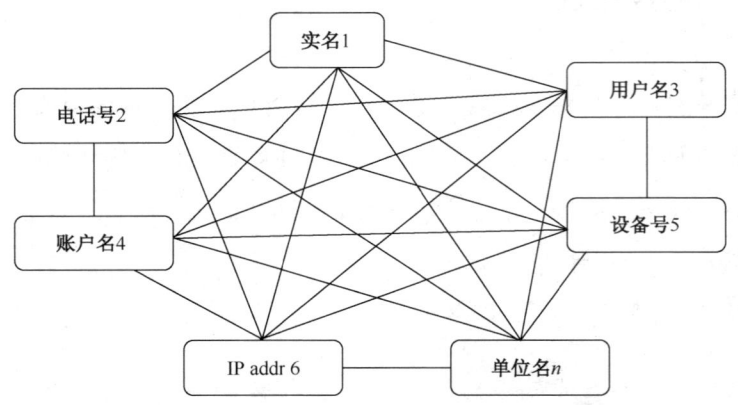

图 9.2　在标识之间自主可控的链接

在逻辑网中，自主可控链接是通过标识签名实现的，不再采用"口令对比"的方法。因为远程鉴别中的"口令"是互联网的一大安全隐患。口令很容易被窃、猜译，使系统的控制权易被接管。

## 9.4　通信链接

通信事件由发送事件和接收事件组成，其中发送方为证明方，接收方为验证方。证明方和验证方构成一个逻辑鉴别网络。

### 9.4.1　发送协议

发送方应提供验证方要求的所有证据，包括用于访问控制的发送方和接收方的真实性证据，用于接收控制数据的真实性证据。

（1）用于受理控制的证据是发送方（$Term_A$）对发送方和接收方（$Term_B$）真实性证明，SIG 是签名函数：

$$\text{SIG}_{sk_{term_A}}(\text{Term}_B) = (s_1, c_1)$$

(2) 用于接收控制的证据是发送方对数据特征($h$)的签名:

$$\text{SIG}_{sk_{term_A}}(h) = (s_2, c_2)$$

在没有"事前鉴别"的要求时,将上面两个真实性证明用一句话完成:

$$\text{SIG}_{sk_{term_A}}(\text{Term}_B + h) = (s, c)$$

通信报头如表9.1所示。

表9.1 通信报头

| 发送者标识 | $\text{Term}_A$ |
| --- | --- |
| 接收者标识 | $\text{Term}_B$ |
| 真实性证据 | sign |

$\text{msg}_1 = \{\text{sender}, \text{receiver}, \text{sign}_1\}$

## 9.4.2 接收协议

首先,接收端 $\text{Term}_B$ 计算出终端 $\text{Term}_A$ 的公钥:

$$YS = \text{Hash}_{\text{Hkey}}(\text{Term}_A) = v_0, v_1, v_2, \cdots, v_{23};$$

YS 序列以字节输出,每三个变量组成一个 $\text{PK}_{CELL}$,如:

$$\text{PK}_{CELL_i} = (R_{v_{i\times 3}} + R_{v_{i\times 3+1}}) \times v_{i\times 3+2}$$

其中,$R_{v_i}$ 为公钥数组变量。密钥由 8 个单元变量组合而成,$\text{Term}_A$ 的公私钥:

$$\text{PK}_{TERM_A} = \sum_{i=0}^{7} \text{PK}_{CELL_i} + \text{PK}_{YEAR}$$

然后接收方 $\text{Term}_B$ 验证发送方和接收方的真实性,VER 是验证函数:

$$\text{VER}_{PK_{TERM_A}}(\text{Term}_B, s) = c'$$

如果 $c = c'$，那么终端 A 和 B 都为真。

其次，接收方验证数据的真实性，从而决定是否采纳数据。

## 9.5 交易链接

业务网络是在通信网络的基础上形成的，两个网络互为独立，即通信事件的证明关系不能转移到业务网络上。CPK 认证系统是"一事一证"，杜绝信任传递。例如，Alice 将文件 data 发送给 Bob，Bob 关心的是 data 是否给我文件，并不关心它是坐火车来的还是坐飞机来的。Alice 发生发送事件，Bob 发生接收事件。发送事件和接收事件构成一个逻辑业务网络。业务网络的鉴别过程与通信网络的鉴别过程相同。

### 9.5.1 受理协议

写信人要提供收信人所需的真实性证据，包括用于受理控制的写信人和收信人真实性证据，用于采纳控制的信件真实性证据。

（1）用于受理控制的证据是写信人（Alice）对收信人（Bob）的签名：

$$\text{SIG}_{sk_{alice}}(\text{Bob}) = (s_1, c_1)$$

（2）用于采纳控制的证据是写信人对数据 data 的签名：

$$\text{SIG}_{sk_{alice}}(\text{data}) = (s_2, c_2)$$

如果文件需要加密，其加密流程如下。

Alice 随机定义数据加密密钥：

$$rG = \text{key}$$

Alice 对数据加密：

$$E_{\text{key}}(\text{data}) = \text{code}$$

Alice 计算 Bob 的公钥：

$$YS = \text{Hash}_{\text{Hkey}}(\text{Bob}) = v_0, v_1, v_2, \cdots, v_{23};$$

$$PK_{CELL_i} = (R_{v_{i\times3}} + R_{v_{i\times3+1}}) \times v_{i\times3+2}$$

其中，$R_{v_i}$ 为公钥数组变量。密钥由 8 个单元变量组合而成，Bob 的公私钥如：

$$PK_{BOB} = \sum_{i=0}^{7} PK_{CELL_i} + PK_{YEAR}$$

Alice 将密钥 key 用 Bob 的公钥 $PK_{BOB}$ 加密：

$$\text{ENC}_{PK_{BOB}}(\text{key}) = \text{beta}$$

Alice 将加密数据打包成消息 $\text{msg}_2$，作为数据包发送给 Bob：

$$\text{msg}_2 = \{\text{beta}, \text{code}\}$$

### 9.5.2 采纳协议

首先，收信人计算 Alice 的公钥：

$$YS = \text{Hash}_{\text{Hkey}}(\text{Alice}) = v_0, v_1, v_2, \cdots, v_{23};$$

$$PK_{CELL_i} = (R_{v_{i\times3}} + R_{v_{i\times3+1}}) \times v_{i\times3+2}$$

$$PK_{ALICE} = \sum_{i=0}^{7} PK_{CELL_i} + PK_{YEAR}$$

然后验证写信人和收信人的真实性：

$$\mathrm{VER}_{\mathrm{PK}_{ALICE}}(s, \mathrm{Bob}) = c'$$

如果 $c = c'$，则证明 Alice 和 Bob 为真。

其次，收信人验证文件 data 的真实性，以决定是否采用该文件：如果 $c_2 = c_2'$，证明文件 data 为真，否则拒收。

Bob 先用自己的私钥 $\mathrm{sk}_{bob}$ 脱出数据加密密钥 key 并脱密：

$$\mathrm{DEC}_{\mathrm{sk}_{bob}}(\mathrm{beta}) = \mathrm{key}$$

$$D_{\mathrm{key}}(\mathrm{code}) = \mathrm{data}$$

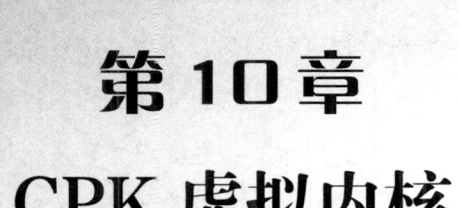

# 第 10 章

## CPK 虚拟内核

可证软件网是从软件发行者到软件使用者的逻辑链接而成的网。在这个逻辑网中，CPK系统为发行者提供所需的真实性证明，这些证明可以作为安全内核使用。安全内核的概念是由计算机专家提出来的。计算机操作系统都有安全内核，在安全内核中设置了很多控制表，规定允许的操作和不允许的操作，以此保证计算机运行的安全。这种安全基于行为的信任理论，是计算机运行管理层面上的安全。关于行为学的研究，我国也有很深的造诣，集中体现在屈延文等人撰写的《银行行为监管：银行监管信息化》一书中。基于行为的信任理论，虽然具有重要的社会学意义，但是对操作系统的安全内核来说，只能作为访问控制表的参考值，远没有满足计算机运行安全的真正需求，没有起到真正安全内核的作用。20世纪90年代末又出现了新的情况，为了打破计算机操作系统的垄断，各国（包括中国、日本）相继提出并开发自己的操作系统，于是5个超级计算机操作系统厂家发起的联盟提出了"信托计算"（Trusted Computing）的概念，意思是把信任交给你，你没有必要重新搞操作系统。这一招很管用，确实达到了预期的目的。尽管是被迫，但毕竟向自主可控概念的形成迈进了一大步，这是值得肯定的。于是各国掀起了研究信托计算的热潮。现在信托计算在简单对比数据完整性（mac）的基础上，又增加了对mac的签名，对mac的签名称为代码签名。代码签名大大改善了信托计算，可作为操作系统安全内核的组成部分。

现在的软件世界可以说是三无世界，这就是恶意软件肆意泛滥的主要原因。如果软件代码都有合法的商标，就能有序管理软件世界。软件的商标可以起到操作系统内核的作用，因此可构成双核操作系统，原有内核仍然保证软件运行安全，外加的CPK虚拟内核可控制软件的真伪。

## 10.1 可证内核

软件的商标可由发行者对软件名和对软件体的签名实现。因此商标化的软件可以起到内核作用,称为虚拟内核。信托计算虽然增加了代码签名,起到了部分安全内核的作用,但还没有达到真正安全内核的水平,因为信托计算仍属于"事后证明"体制,在软件加载之后,可以做到执行之前的鉴别,但不能判定是否加载。

虚拟在英文中的意思很清楚,但在中文中容易与"虚设""虚无"搞混。按照虚拟的定义,不是 A,但真正起 A 的作用的,称为虚拟。例如,虚拟专网(VPN),它不是专用网,但起真正的专网作用。CPK 不是作为安全内核设计的,但是能起到真正安全内核的作用,因此称为虚拟安全内核。

CPK 包括 CPK 组合公钥体制和鉴别协议。鉴别协议执行真值逻辑,判别结果只是 yes 或 no,没有二义性。真值逻辑将证明操作系统软件的真实性,分为软件的下载、安装、启动三个独立过程。

## 10.2 加载控制

软件发行中的软件下载和软件调用中的软件加载,根据软件发行者的真实性和软件名的真实性来决定是否下载或加载。

发行者和软件名的真实性证据是软件发行者对软件名(name)的签名和验证:

$$\text{SIG}_{sk_{issuer}}(\text{name})=(s_1,c_1)$$

$$\text{VER}_{PK_{ISSUER}}(\text{name}, s_1) = c_1'$$

发行者可以分为三种：一是厂家，二是集团客户，三是个人。由厂家发行的软件由厂家负责签名，集团客户的专用软件由发行软件的集团签名，个人用户对自己选定的软件签名。

## 10.3 执行控制

软件发行中的安装控制和软件调用中的执行控制，由软件体（软件代码 code）的真实性来决定是否安装（执行）。

软件体真实性证明是发行者对软件数据的签名和验证。软件代码可由代码数据的特征码代表，如压缩码 mac 或抽样码 sam：

$$\text{SIG}_{sk_{issuer}}(\text{mac}) = (s_2, c_2)$$

$$\text{VER}_{PK_{ISSUER}}(\text{mac}, s_2) = c_2'$$

## 10.4 内核实现

内核由操作系统原内核和 CPK 虚拟内核构成的双内核组成。CPK 虚拟内核受原内核控制，原内核保证不能绕过 CPK 虚拟内核的执行。CPK 虚拟内核保证原内核的完整性，同时对外来软件进行真实性判别。双内核的关系如图 10.1 所示。

# 第 10 章　CPK 虚拟内核

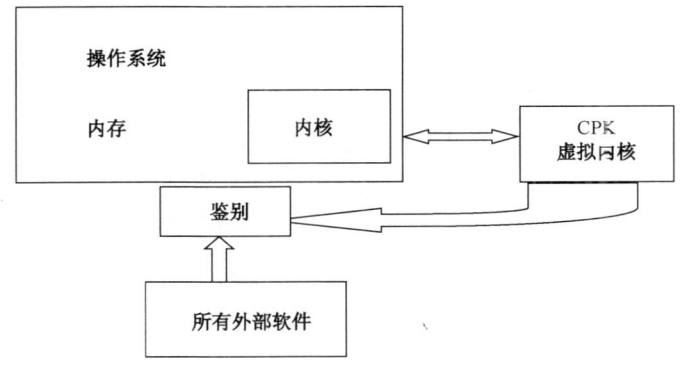

图 10.1　双内核的关系

软件有三种授权级别：

一级授权：操作系统所有软件均属一级授权软件，即由发行 CPK 虚拟内核的厂商签名授权。一级授权操作系统可由网上下载。

二级授权：应用单位在一级授权操作系统上开发各种应用软件，并签名负责，称为二级授权。例如，银行开发银行应用软件，分发给业务单位使用；又如军事单位开发军事应用软件，分发给部队使用等。

三级授权：个人在一级授权软件或在二级授权软件上开发个人应用软件，并签名负责，称为三级授权软件。例如，网上公布的补丁软件，一般询问用户是否允许下载，如果不同意就拒收；如果同意，则系统自动签名，使之变为三级授权软件。

## 10.5　授权策略

一级授权操作系统，可在 Linux、Android、Windows 等操作系统上实现。只要在操作系统中加上 CPK 鉴别功能就可以。目前只有 CPK 才有这个功能，一旦加上了 CPK 鉴别功能，就成为不怕恶意软件、病毒的新型操作系统。

二级授权软件涉及单位的安全利益，如军事系统或银行系统。一般情况下，军事系统或银行系统可只认本系统授权的软件，外部软件一律拒绝。这样外部的恶意软件，即使入侵了也无法执行。

三级授权软件的管理，只涉及个人的安全利益，但是软件在网上使用，情况很复杂。使用一级授权软件的很可能是极少数，大多数不使用授权软件，不支持本策略。在这种情况下，我们要防止恶意软件的入侵，将无法证明的软件先存储在特定区域中，然后甄别使用，不能直接接收到工作区域中。

## 10.6　小结

在虚拟化的安全内核和传统的安全内核之间，存在很多不同的概念：虚拟安全内核以可证系统替代了信托系统；在安全策略中以自主可控取代了强制控制；在鉴别逻辑中以真值逻辑替代了信任逻辑；在鉴别对象中以我方识别取代了对方识别等。

CPK虚拟内核，对内可起到安全内核的作用，与原内核构成双内核；对外，对所有软件实行商标化管理；在代码运行中或在网络中，容易识别无证软件，取证也很方便，由此可净化嘈杂的计算环境和网络环境，开启了赛博安全时代，即自主可控的CPK虚拟内核新时代。

# 第 11 章

# CPK 数字印章

在物理世界中,"红章"一直是提供真实性和负责性证明的主要手段。"红章"具有以下特点:①"红章"只能盖在介质(纸张)上,通过介质对介质上的内容负责;②"红章"只有人和机构掌握;③"红章"是单一的图像结构,没有自我保护能力,容易被模拟;④"红章"只能流通于物理世界,不能流通于网络世界。

在物联网时代,人们对数字印章提出了新要求。数字印章必须解决现实世界的印章和网络世界的数字印章不统一的难题。印章不仅流通于物理世界,也能流通于网络世界;印章不仅人和机构具有,所有实体标识均能具有数字印章,如通信地址、电话号、账目等,为自身的真实性和负责性提供证明;数字印章要具有很好的自我保护功能,不易被模拟。

实现数字印章的核心技术是"标识鉴别"。数字印章将成为构建基于证据的逻辑物联网的基础,具有深远意义。

## 11.1 核心技术

数字印章的基础技术是 CPK 标识签名技术。CPK 的私钥种子数组由 256 个小于 $n$ 的随机数组成,以 $r_i$ 标记,$i=0\sim255$,用于私钥的生成,公钥数组 $R_i$ 由私钥数组 $r_i$ 派生,$R_i = r_i \cdot G$,公钥数组公布,用于公钥的计算。

标识到数组坐标的映射是由 YS 序列指示的,YS 序列是实体标识(Alice)在映射密钥 Hkey 作用下的 Hash 输出:

$$YS = \text{Hash}_{\text{Hkey}}(\text{Alice}) = v_0, v_1, \cdots, v_{23};$$

YS 序列以字节输出,每三个变量组成一个私钥 $sk_{cell}$ 和公钥 $PK_{CELL}$,如:

$$\mathrm{sk}_{cell_i} \equiv ((r_{v_{i\times3}} + r_{v_{i\times3+1}}) \times v_{i\times3+2}) \bmod n$$

$$\mathrm{PK}_{CELL_i} = (R_{v_{i\times3}} + R_{v_{i\times3+1}}) \times v_{i\times3+2}$$

其中，小写 $\mathrm{sk}_{cell}$、$r_i$ 为私钥数组变量，大写 $\mathrm{PK}_{CELL}$、$R_i$ 为公钥数组变量。Alice 的公私钥如下：

$$\mathrm{sk}_{alice} \equiv (\sum_{i=0}^{7} \mathrm{sk}_{cell_i} + \mathrm{sk}_{year}) \bmod n$$

$$\mathrm{PK}_{ALICE} = \sum_{i=0}^{7} \mathrm{PK}_{CELL_i} + \mathrm{PK}_{YEAR}$$

私钥数组只在密钥管理中心（KMC）保有，而公钥数组每个人都具有。因此，私钥只能由 KMC 生成，只有本标识具有，用于签名和脱密，用小斜体下标表示；公钥则任何来访都能计算，用于验证和加密，用大斜体下标表示。

CPK 能解决主体标识真实性证明的问题，这是实现数字印章的基本依据和基础技术。

## 11.2 基本印章

数字印章由标识印章和复合印章组成。标识印章是可以独立存在的印章，复合印章是标识印章与各种不同印章的组合。

### 11.2.1 标识印章

标识印章提供主体标识 Identifier 真实性的证据。证明码 $s$ 是随机数 $k$ 的逆与标识私钥 $\mathrm{sk}_{identifier}$ 的乘积：

$$s \equiv k^{-1} \mathrm{sk}_{identifier} \bmod n$$

核对码 $c$ 是随机数 $k$ 与生成元 $G$ 的乘积经单向函数而得到的变量：

$$kG = (x, y); \quad (x+y) \bmod 2^{16} \equiv c$$

标识印章的验证：由于知道标识就可以计算公钥 $PK_{IDENTIFIER}$，验证标识的真实性。

$$s^{-1}(PK_{IDENTIFIER}) = kG \to c'$$

### 11.2.2 复合印章

复合印章在标识印章的基础上和各种不同印章相组合，复合方式有：

身份印章={标识，本体特征}

$$s \equiv k^{-1}(\text{Ontology} + \text{sk}_{subject}) \bmod n$$

从体印章={标识，从体标识}

$$s \equiv k^{-1}(\text{Slave} + \text{sk}_{subject}) \bmod n$$

客体印章={标识，客体特征}

$$s \equiv k^{-1}(\text{Object} + \text{sk}_{subject}) \bmod n$$

在上述印章的复合方式中，只有标识印章可以单独使用，用在只需要标识鉴别的场合，如通过地址标识的鉴别防止非法介入等。其他印章只能在标识印章基础上形成复合印章，如密级印章、文档印章、地址印章、单位印章等。

## 11.3 存在形态

数字印章有两种存在形态：一种是在线内以数组方式存在，适应网络世界中的流通;另一种是在线外以二维码方式存在,适应现实世界中的流通。先举一个文档密级印章的例子。传统的做法是文件封皮上盖一个密级红章,如"机密"。红章是通过介质(纸张)对文档的机密性负责的。当文档存储在数据库中时,红章仍然是明文的"机密",毫无防护能力,极易被篡改。因此,当文档存储于数据库中时,密级印章必须变为数字化印章。密级印章是数组,数组是标识印章和目标印章的复合印章。这种密级印章,在网上传递、存储,为文档提供管理依据,且不被篡改。如果需要把文档打印出来,数组印章会变为二维码印章,在保密柜中存放。因为二维码不可读,可以把印章数组和二维码同时打印出来。二维码中的内容与数组的内容相同。

密级印章数组={盖章者,盖章时间,签名码$_1$,密级,签名码$_2$}

在纸质文档中,密级印章数组以二维码形式打印。二维码数字印章如图 11.1 所示。

图 11.1 二维码数字印章

## 11.4 印章特点

印章有十分灵活的结构,使拥有印章的实体,可以满足任意目标的需求。

印章内容的广泛性。物联网上所有需要证明真实性的标识、特征都可以以印章的形式提供证明。

印章的自我防护性。基本印章按复合规则进行复合,复合印章具有很强的自我保护能力，成为有力证据且不被篡改。

复合印章中存在证明链。印章在标识印章与目标印章或特征印章之间形成有机的证明链。

印章的独立性。在复合印章之间，互相保持独立性，防止信任的转移。

标识印章的事前性。标识鉴别能在客体事件发生之前进行，称为事前鉴别，具有特别重要的意义。例如，通信的介入鉴别，只有在数据传输之前进行才有意义。

数字印章的统一性。数字印章可与二维码结合，实现在两个世界的印章统一。数字印章的物理世界的存在方式与逻辑世界的存在方式是可以互换的，互换靠二维码技术实现。

## 11.5 印章应用

### 11.5.1 防伪印章

设厂家为 manufacturer，产品为 goods，产品特征为 character。那么，标签印章由厂家真实性、产品名真实性、产品特征真实性构成：

标签印章={主体标识，客体名，客体特征，签名}

标签印章数组={厂家，产品名，产品特征，签名}

### 11.5.2 票据印章

设商店 firm 给付款方开出收据，形成收据印章，收据印章由主体标识、客体特征（金额）构成：

收据印章数组={商店，金额，签名}

发票印章则由主体标识、客体特征 1（金额）、客体特征 2（用途）构成：

发票印章数组={商店名，金额，用途，签名}

### 11.5.3 密级印章

密级印章是标识印章与目标印章复合，根据要求组成不同的密级印章，如：

密级印章 1={主体标识，客体特征，签名}

数组={盖章人，密级，签名}

密级印章 2={主体标识，客体特征 1，客体特征 2，签名}

数组={盖章人，密级，文件名，签名}

密级印章 3={主体标识，客体特征 1，客体特征 2，客体特征 3，签名}

数组={盖章人，密级，文件名，mac 码，签名}

## 11.6 小结

数字印章的概念，大大改变了物理世界印章的概念。由于没有解决数字印章安全性的问题，在支付系统中存在很多衍生产品，是必然后果。金融系统的信息安全代表安全的本质。如果把金融信息安全比作皇冠，那么数字货币就是皇冠上的明珠。纲举目张，只要抓住纲，其他问题就会迎刃而解。信息安全中的纲是标识鉴别，数字印章是标识鉴别技术的具体实现和应用。由于数字印章能够构造不怕被窃的货币。例如，通信印章，提供溯源性证明，防止非法介入；文件印章，提供管理的依据；代码印章，防止恶意软件（病毒免疫）等。数字印章已经成为构建可证明的逻辑物联网的基本技术。

# 第12章

# CPK 数字货币

CPK 数字货币 Hubee 是所有有价数字资产的等价物，为数字资产的移动和存储提供安全和方便的服务。如果想要将数字资产的移动性（支付）问题和存储性（结算）问题同时解决，则需要新技术。数字货币设计中最大的技术难点是证明主体标识的真实性。只要解决主体标识的真实性的证明问题，就可以实现真正的标识签名，进而很容易解决主体标识的验证和对象标识真实性的证明问题。Hubee 实现了支付货币和结算货币的统一、货币不怕丢失、账目不怕被窃的目标。Hubee 不需要钱包，也不需要金库，它可以在无人值守的云银行中运行。Hubee 贯彻"我的安全我做主"的自主可控机制，其作用域可灵活控制，其作用域可以是单个银行，也可以是多个银行，以互认的方式应用于不同银行、不同央行之间。数字货币的出现，将会创造出适应于数字经济时代的新的货币管理模式。

货币是交易中不可缺少的工具。在货币发展的历史上，从铜币、纸币到数字货币，曾出现过各种形态的等价物，如代金券、支票、证券、电子票据、数字货币等；在货币的运行方面也出现了灵活多样的运行方式，如网络支付、第三方支付、用户开具支票等。因此，在数字货币的研究中可参考历史提供的很多可借鉴的经验。

各国都在开发数字货币，现已有 20 多种，也许各有各的目的，各有各的特性。但是，数字货币应具有的最起码的功能就是同时保证数字资产移动和存储的安全，适应数字经济时代对数字资产的保护需要。移动性体现在支付，而存储性体现在结算。如果想要把移动安全问题和存储安全问题同时解决，那么必须摆脱传统的信任逻辑，建立基于证据的创新逻辑，实现"一事一证"，阻断任何信任转移。数字货币提供真实性证明、溯源性证明、所属性证明、负责性证明，使其具有很强的自我保护能力，做到货币不怕丢失，无须钱包；账目不怕被窃，无须金库；于是能够做成在云端运行的无人值守的银行。

# 第12章 CPK数字货币

## 12.1 基础技术

数字货币需要解决的几个关键问题：解决发行行标识的真实性证明问题；弄清发行机制和防复制的关系；解决支付货币和结算货币的统一问题。

### 12.1.1 标识签名技术

一个实体由标识和本体构成。其中，标识是一个实体区别于其他实体的唯一标志，因此标识可以代表一个实体。因此，标识真实性得到证明，也代表实体真实性得到了证明。标识鉴别包括标识签名和标识验证。要做标识签名需要在标识和密钥之间建立一一对应的映射关系，要做标识验证需要掌握所用公钥由验证方自主生成的技术。数字货币首先碰到的问题就是发行行真实性证明问题。发行行是一个实体，银行名是银行标识，标识签名是发行行真实性证据。标识签名由证明码 $s$ 和核对码 $c$ 构成，如：

标识证明码 $s$ 是随机数的逆与私钥的乘积：

$$s \equiv k^{-1} \text{sk}_{alice} \bmod n$$

标识核对码 $c$ 是随机数 $k$ 和生成元 $G$ 的乘积：

$$kG = (x, y);\ c \equiv (x + y) \bmod 2^{16}$$

由证明码和核对码构成的标识签名=$(s,c)$

其中，$G$ 是椭圆曲线生成元，$n$ 是加法群的阶。验证方在验证之前首先计算证明方的公钥：

$$YS = \text{Hash}_{\text{Hkey}}(\text{Alice}) = v_0, v_1, v_2, \cdots, v_{23};$$

$$PK_{CELL_i} = (R_{v_{i\times 3}} + R_{v_{i\times 3+1}}) \times v_{i\times 3+2}$$

其中，$R_{v_i}$ 为公钥数组变量。密钥由 8 个单元变量组合而成，Alice 的公私钥如下：

$$PK_{ALICE} = \sum_{i=0}^{7} PK_{CELL_i} + PK_{YEAR}$$

标识验证码 $c'$ 是证明码 $s$ 的逆与公钥的乘积：

$$s^{-1} PK_{ALICE} = kG = (x, y); \quad c' \equiv (x+y) \bmod 2^{16}$$

如果 $c = c'$，则证明签名所用私钥和验证所用公钥是一对，因为密钥是直接从标识派生出来形成的一一映射，密钥的真实性直接证明标识的真实性。又由于验证所用公钥是验证方亲自计算的，保证了验证的自主性和客观性。

如果货币的发行机构没有给出标识签名，那么货币的接收者验证不了货币发行单位的真实性，因此没有标识签名，数字货币是造不出来的。

### 12.1.2 密钥加密技术

涉及隐私金额的 Hubee 需要加密。由于公钥是任何人都可以计算的，所以公钥对任何人都可以发送加密数据。

设 Bob 将加密数据发送给 Alice，Bob 首先随机定义数据加密密钥 key，并对数据加密：

$$kG = (x, y) \rightarrow \text{key}; \quad E_{\text{key}}(\text{data}) = \text{code}$$

然后 Bob 计算 Alice 的公钥 $PK_{ALICE}$：

$$YS = \text{Hash}_{\text{Hkey}}(\text{Alice}) = v_0, v_1, v_2, \cdots, v_{23};$$

$$\mathrm{PK}_{CELL_i} = (R_{v_{i\times 3}} + R_{v_{i\times 3+1}}) \times v_{i\times 3+2}$$

$$\mathrm{PK}_{ALICE} = \sum_{i=0}^{7} \mathrm{PK}_{CELL_i} + \mathrm{PK}_{YEAR}$$

将密钥加密：

$$k \cdot \mathrm{PK}_{ALICE} = \beta$$

将(code, $\beta$)发送给 Alice。

Alice 用自己的私钥脱密：

$$\mathrm{sk}_{alice}^{-1} \cdot \beta = \mathrm{key}; \quad D_{\mathrm{key}}(\mathrm{code}) = \mathrm{data}$$

### 12.1.3　防复制机制

纸币本身没有所属性，只能靠占有性来体现。纸币的占有性有两种形态：一种是作为银行账户，将纸币存在银行；另一种是装在自己钱包中。为防止被别人占有，银行的纸币必须锁在保险柜中，个人的现金必须保存在钱包中，以占有性来保证纸币的安全。

随着网络支付的发展，将现金存在银行的形式越来越多，将现金随身携带的形式越来越少。当货币从有形的纸币转变到无形的数字货币后，数字货币不可能用占有性来体现所属性，因为在开放的网络中，占有性不足以证明其归属性。知识产权不能证明自己的归属性，如知识产权等，因为任何人都可以签名并声称其产权是自己的，而专利本身无法提供归属性证明，只能靠公证机构的专利权来证明占有权。如果数字货币不能提供自身的所属性证明，那么当纷争发生时，法律也很难判定其归属性。因此，所属性证明是数字货币必须具有的特殊功能。

如果像支票一样，由账户开具货币，那么货币自然就具有归属性。

因为账户在开具货币时，可以指定收款账户，即使第三方拿到了或复制了也没有任何意义，甚至不怕丢失或被窃。如果发生了复制，也容易发现，因为结账时货币最终会回到开具账户上，在一个账户检查复制货币是很容易的。可见，货币的出发点和归宿点相一致是检查复制作案的最好的方法。账户在开具货币时自行定义流水号，这种流水号只被开具账户生成和解析，可作为所属性证明的证据，并为识别复制提供依据。支票的使用已经历了相当长时间，优缺点是清楚的，在数字化的过程中克服缺陷，发扬优点是没有任何风险的。

所属性证明和防复制的措施要求改变货币的发行或开具方式，基本的发展趋势是就像网上支付一样，货币均存在银行，用户自由使用，用不着随身携带现金。对银行来说，也无须保存现金，只存放数字货币的账目就可以，账目也不需要特别的安全措施。数字货币在机内以数组形式存储，机外则以二维码形式打印出来。由于数字货币具有所属性证明等功能，将简化和升华账目存储形式，使传统银行向全自动化无人银行的过渡打好技术基础。

### 12.1.4　支付货币和结算货币的统一

货币的流通容易实现，之所以容易实现是因为货币在流通中都变成了电子票据。货币在结算中又变成电子数据。一个货币在传输和结算中经历了从电子票据到电子数据等几次形态的变化，不同形态之间的不同安全性会产生木桶效应。最薄弱环节是在银行以数据形式记账的环节，由于货币的自我保护功能很差，即记账缺乏可验证的证据，账目和货币分隔一方，都怕丢。

在货币流通中，电子票据占据统治地位，其发展势头是稳定的。电子票据在流通中注明了收发双方，虽然没有带证明，但这是安全的重要保证,这就是电子支付可以继续存在下去的原因。电子票据不支持结算,结算仍保持传统的做法,支付过程和结算过程互相脱节,支付货币和结算货币不统一,而且支付货币不完全支持结算的需求,致使银行账本成为证据不全的数据。没有支付货币能做到不怕丢失,连账本也怕丢失。由此可见,数字货币必须做到支付货币和结算货币的统一,支付货币不怕丢失,进而账目也不怕丢失。

目前网上支付已经可以做到钱包放在银行,自己无须携带钱包和任何钱,包括纸币和数字货币。这种新型支付模式,代表一种发展方向,但是目前的做法没有摆脱传统的模式,支付过程和结算过程各自独立进行,由此给金融管理带来很大风险。研究数字货币的目的就是要最大限度地减小风险,堵住犯罪漏洞。与传统货币不同,数字货币的支付过程和结算过程是要同步进行的,即支付方支付,收款方收款的结算是在银行内进行的,所以账户不需要钱包。交易中的支付和收款活动,直接引起付款方账目、收款方账目及银行账目之间的同步变化,这就是数字货币与一般网上支付不同的地方。只要实现了支付货币和结算货币的统一,支付过程和结算过程的同步,就可以构建无人值守的全自动化的云上银行。

## 12.2 Hubee 的发行

Hubee 的发行采取央行授权,由账户发行的机制,以授权书的方式管理货币的发行。假设 Hubee 业务的参与者有央行、商行、账户等。

### 12.2.1 央行授权书

如果在一个央行范围内采用 Hubee,那么在这个央行与所属商行之间形成作用域。央行对商行的授权书包括：央行对商行的签名；批准额度，并监管透支。央行授权书如表 12.1 所示。

表 12.1 央行授权书

| 央行对商行的签名 | $SIG_{sk_{central\text{-}bank}}(commercial\text{-}bank)=sign_1$ |
|---|---|
| 央行对额度的签名 | $SIG_{sk_{central\text{-}bank}}(amount)=sign_2$ |

### 12.2.2 商行授权书

如果一个商行独立采用 Hubee，那么在这个商行与所属账户之间形成作用域。商行对账户的授权书包括：商行对账户的签名；同时批准该账户的额度，并监管透支。商行授权书如表 12.2 所示。

表 12.2 商行授权书

| 商行对账户的签名 | $SIG_{sk_{commercial\text{-}bank}}(account)=sign_1$ |
|---|---|
| 商行对额度的签名 | $SIG_{sk_{commercial\text{-}bank}}(amount)=sign_2$ |

同时，商行给账户发行央行规定的 Hubee 模板。在 Hubee 模板中包括央行的证明，这些证明已包括在授权书中。商行 Hubee 授权书如表 12.3 所示。

表 12.3 商行 Hubee 授权书

| 央行对商行签名 | $SIG_{sk_{central\text{-}bank}}(commercial\text{-}bank)=sign_1$ |
|---|---|
| 商行对账户签名 | $SIG_{sk_{commercial\text{-}bank}}(account)=sign_2$ |

### 12.2.3 Hubee 模板

数字账户的模板可以反复复制使用，银行统一规定数据项目的格式。央行的账户模板如表 12.4 所示。

表 12.4　央行的账户模板

| 央行 | 商行 | $sign_1$ |
|---|---|---|
| 商行 | 账户 | $sign_2$ |
| 收款账户 | Bob | |
| 金额 | 50$ | |
| 币种 | chy | |
| 流水号 | 0001 | |
| 线性和 | (Bob+50+chy+0001)mod $2^{64}$ | $sign_3$ |

第一项：央行对商行的签名，证明央行和商行的真实性；第一项已在空白模板中。

$$SIG_{sk_{central-bank}}(commercial\text{-}bank) = sign_1$$

第二项：商行对账户的签名，证明商行和账户的真实性；第二项也在空白模板中。

$$SIG_{sk_{commercial-bank}}(account) = sign_2$$

第三项：收款账户在收款通知中写明收款人和金额，并经过收款人的签名，如果付款方同意，则将收款方账户名和金额填入模板中。如果是捐赠、还债等情况，也可由付款方主动定义收款方和金额。

第四项：数字的币种。

第五项：流水号，由账户定义，按顺序使用。

第六项：线性和是收款账户、金额、币种、流水号之和；线性和是提供给银行用于结算时建立的证据链，用来保证账目的完整性。

$$lsum \equiv (Bob + 50 + chy + 0001) \bmod 2^{64}$$

$$SIG_{sk_{account}}(lsum) = sign_3$$

填入过程是全自动的，填满各项之后成为 Hubee，显示发送的提示。

如果 Hubee 的内容涉及保密或隐私，将 Hubee 加密发送。用收款方的公钥加密，发送(code,beta)即可。

## 12.3　Hubee 的支付与流通

### 12.3.1　Hubee 的填写

银行只发行模板，由账户填写模板并发行 Hubee。

{央行，商行，签名 1，账户，签名 2，收款账户，金额，币种，流水号 $n$，lsum，签名 3}

Hubee 的支付方式有两种：一种是由付款方直接提交银行，另一种是由收款方提交银行。被动型支付如图 12.1 所示。主动型支付如图 12.2 所示。

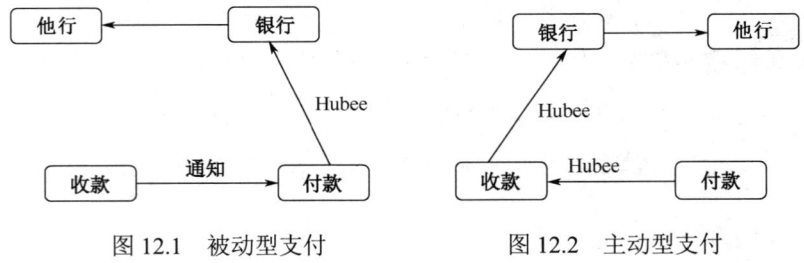

图 12.1　被动型支付　　　图 12.2　主动型支付

如果 Hubee 涉及隐私，可以对 Hubee 加密。首先定义一个随机数 $k$，计算数据加密密钥 key：

$$kG = (x, y),\ \text{key} \equiv (x + y) \bmod 2^{16}$$

然后用 key 对 Hubee 加密：

$$E_{\text{key}}(\text{Hubee}) = \text{code}$$

再用银行的公钥 $PK_{BANK}$ 对 key 加密：

$$k \cdot \text{PK}_{BANK} = \text{beta}$$

将(code, beta)发送到银行即可。

在 Hubee 的交付过程中发生两次不同的业务处理,一次是通信层的业务处理,另一次是业务层的业务处理。

### 12.3.2 通信层传输业务

以互联网为例,用户名为 alice.com,银行名为 bank.com。alice.com 向银行端发送 Hubee。Hubee 的通信鉴别协议执行 GAP 一步协议。

发送端示证:$kG \to c$;$k^{-1}(\text{Hubee} + \text{sk}_{alice.com}) \to s$;sign=$(s,c)$

银行端验证:计算公钥 $\text{PK}_{ALICE.COM}$,验证发送端的真实性

$$s^{-1}(\text{Hubee} \cdot G + \text{PK}_{ALICE.COM}) \to c'$$

如果 $c = c'$,则接收 Hubee,并转交给业务层。

### 12.3.3 业务层受理业务

如果 Hubee 是加了密的,则先行脱密。银行用自己的私钥将密钥脱密出来:

$$\text{beta} \cdot \text{sk}_{bank}^{-1} = \text{key}$$

将 Hubee 脱出来:

$$D_{\text{key}}(\text{code}) = \text{Hubee}$$

账户示证:账户对 Hubee 的线性和 lsum 签名。

$$\text{lsum} \equiv (\text{Bob} + 50 + \text{chy} + 0001) \bmod 2^{64}$$

$$\text{SIG}_{sk_{account}}(\text{lsum}) = \text{sign}_3$$

银行验证：计算公钥 $\text{PK}_{ALICE.COM}$，验证 lsum 的真实性。

$$s^{-1}(\text{lsum} \cdot G + \text{PK}_{ALICE.COM}) \to c'$$

如果 $c = c'$，则受理 Hubee，并进入采纳进程。采纳是以结算方式进行的。

## 12.4　Hubee 的结算与存储

### 12.4.1　Hubee 的银行结算

Hubee 银行账目由两部分构成：一部分是 Hubee 的账单，另一部分是银行结算单。Hubee 的记账，不改变 Hubee 的形态。因为 Hubee 中规定了付款方和收款方，对第三者没有意义，因此不怕丢失。Hubee 记账形态如表 12.5 所示。

表 12.5　Hubee 记账形态

| 银行 | 签名 | 收款 | 金额 | 币种 | 流水号 | Hash 值 | 线性和 | lsum |
|---|---|---|---|---|---|---|---|---|
|  | $\text{sign}_2$ |  |  |  | $n$ | $h$ | lsum | $\text{sign}_3$ |
|  | $\text{sign}_2$ |  |  |  | $n$ | $h$ | lsum | $\text{sign}_3$ |
|  |  |  |  |  |  |  |  |  |
|  | $\text{sign}_2$ |  |  |  | $n$ | $h$ | lsum | $\text{sign}_3$ |

银行的结账清单如表 12.6 所示。

表 12.6　银行的结账清单

| 余额 | 对余额 | 证据链 |
|---|---|---|
| Balance | $\text{sign}_4$ | $\text{Ecode}_1$ |
| Balance | $\text{sign}_4$ | $\text{Ecode}_2$ |
|  |  |  |
| Balance | $\text{sign}_4$ | $\text{Ecode}_n$ |

在银行的结算过程如下:

首先计算余额,对余额签名:

$$\mathrm{SIG}_{银行}(余额) = \mathrm{sign}_4$$

银行建立证据链 Ecode:证据链是线性和的累加。

$$\mathrm{Ecode}_1 = \mathrm{lsum}_1$$

$$\mathrm{Ecode}_n = \mathrm{lsum}_1 + \mathrm{lsum}_2 + \cdots + \mathrm{lsum}_n$$

每增加一个新记录,先检查证据链 $\mathrm{Ecode}_1 \cdots \mathrm{Ecode}_{n-1}$:

$$\mathrm{Ecode}_{n-1} \equiv (\mathrm{lsum}_1 + \mathrm{lsum}_2 + \cdots + \mathrm{lsum}_{n-1}) \bmod 2^{64}$$

如果 $\mathrm{Ecode}_{n-1} = \mathrm{Ecode}_{n-1'}$,则证明数据没有丢失或被篡改,允许增加新记录 $n$。如果在第 $i$ 位出现 $\mathrm{Ecode}_i \neq \mathrm{Ecode}_{i'}$,则说明第 $i$ 位出现了问题,那么利用第 $i$-1 位和 $i$+1 位的余额挤出第 $i$ 位的金额,再利用 lsum 列出线性方程:

$$\mathrm{lsum} \equiv (收款账户名 + 金额 + n) \bmod 2^{64}$$

在方程中,金额、流水号已知,可以求出收款账户名。至此可以恢复第 $i$ 个丢失数字账户的收款账户名和金额。

第一种情况:在银行账本中,余额属于隐私,应加密存储。

第二种情况:收款方属于他行。如果他行属于同一银行 Hubee 系统,则把 Hubee 重新加密后转发就可以。

第三种情况:收款方不具有 Hubee 功能,按原规定执行。

## 12.4.2 Hubee 的结账通知

银行结账结束后,给收款账户发送结账通知,给付款账户发送余额通知。

结账通知由银行名、金额、付款账户等构成 data,并由银行签名:

$$data \equiv (银行名 + 金额 + 付款账户) \bmod n$$

$$SIG_{sk_{bank}}(data) = sign$$

银行将银行名、金额、付款账户和对 data 的签名发送给收款账户。

余额通知书由银行名、金额、付款账户等构成,并由银行签名:

$$data \equiv \{银行名 + 金额 + 付款账户\} \bmod n$$

$$SIG_{sk_{bank}}(data) = sign$$

银行将银行名、金额、付款账户和对 data 的签名发给付款账户。

在需要隐私保护的场合提供密钥的加密功能。假设银行给 Bob 发送加密数据,银行对 data 加密:

$$E_{key}(data) = code$$

银行计算 Bob 的公钥,对 key 加密:

$$ENC_{PK_{BOB}}(key) = beta$$

银行将{code,beta}发送给 Bob。

Bob 用自己的私钥脱密:

$$DEC_{sk_{bob}}(beta) = key, \quad D_{key}(code) = data$$

其中,DEC 是非对称脱密函数,$D$ 是对称脱密函数。

### 2.4.3　Hubee 的存在形式

Hubee 的存在形式有两种：机内存在形式和机外存在形式。

机内存在形式：数组形式，如

Hubee:{商行，账户，签名1，收款账户，金额，币种，
$n$，lsum，签名2}

$\sum$ = {24B + 24B + 36B + 24B +16B + 3B + 8B + 8B + 36B} = 179B

机外存在形式有打印表格和二维码两种形式。Alice 的 Hubee 账户名（24 字节）如表 12.7 所示。二维码如图 12.3 所示。

表 12.7　Alice 的 Hubee 账户名（24 字节）

| 银行名 | 24B 字符串 |
|---|---|
| 银行对账户的签名 1 | 36B 数组 |
| 收款账户 | 24B 字符串 |
| 金额 | 16B 整数 |
| 币种 | 3B 字符 |
| 流水号 | 8B 整数 |
| 线性和 | 8B 整数 |
| 账户的复合签名 2 | 36B 数组 |

二维码
(187B)

图 12.3　二维码

## 12.5　Hubee 的作用域

Hubee 在 CPK 鉴别网络中运行。CPK 鉴别网络是无边界平面化的

逻辑网络，在任意两端均能提供可证链接。因此，在这样一个无中心的平面上可随意模拟有中心的星状网、层次化的树形网、平面化的格状网、区块化的局域网等，可灵活组建不同业务所需要的网络形态。Hubee 在不同网络之间或在不同区块之间既可以开通也可以封闭。而这种无中心化的网络运作是由密钥管理中心以分发私钥的形式来保证的。密钥管理中心只是密钥分发的中心，并非网络运行的中心。如果每个用户都具有了私钥，网络的自主权就掌握在各用户手中，就形成用户自行管理的无中心网络。

　　Hubee 将在全局网中运行，全局网包括电话网、互联网、5G 网、卫星网等。在全局网中，电话系统以电话号做标识，互联网以用户名做标识，银行系统以账户做标识，只是标识的分类标准不同而已。Hubee 的账户都具有账户私钥，与网络上的情况相同，形成以账户为中心的平面交易网络。

　　Hubee 的作用域由矩阵变量和映射密钥决定。如果央行统一定义矩阵变量和映射密钥，那么在央行所属各商行间使用统一的 Hubee，构成一个央行范围的作用域。如果一个商行独立运行，即另行定义独立的映射密钥，构成一个商行范围的独立专网。专网与专网之间不兼容。当需要互认互通时，各自具有对方的映射密钥就可以，没必要另行设置独立的矩阵。但在央行与央行之间，一般采用独立的矩阵，需要互认时，双方互相具有对方的公钥矩阵。因此，Hubee 作用域的扩展，无论是集中式的扩展还是分散式的扩展，都是可以的。为了验证试点，选择一个银行，银行与所属账户建立 Hubee。银行只需发行授权书和模板，账户只具有私钥就可以开通，Hubee 系统可以与原有纸币系统并行，互不影响。

## 12.6　小结

Hubee 账户做主的数字货币，账户上的资金只有账户所有人有权动用，其他人均无权动用。Hubee 将改变以银行为中心的货币运行机制，转向以账户为中心的新型货币运行机制。Hubee 实现了主体真实性证明和货币归属性证明，使其具有很强的自我保护功能，做到不怕丢失，个人无须钱包，银行无须金库。Hubee 的安全责任完全由账户承担。法国、俄罗斯、中国等国家都提出研究数字货币的要求，酝酿着一场货币变革的风暴。由于 Hubee 解决了主体鉴别这一关键技术方面的问题，为设计方便使用、安全存储、易于监管的数字货币提供了支撑。

以上是将 Hubee 作为数字货币，叙述了在银行的应用，但是 Hubee 的流通功能和存储功能，可用在企业的账目管理中。

## 参考资料

① Katz. Y, Society and the Digital Gap, Advances in Applied Sociology, 2019 年 9 月发布.

② Xiangao Nan, CPK Public Key and Its Basic Functions, Open Access Library Journal, Vol.9 No.1, 2022 年 1 月发布.

③ National Institute of Standards and Technology, INST FUB 186, Digital Signature Standards.

④ Xianghao Nan, GAP Universal One-Step Authentication Protocol, Open Access Library Journal, Vol.8 No.11, 2021 年 11 月发布.

# 第13章
# CPK 防伪标签

纸质防伪标签的防伪功能与 RFID 防伪标签的防伪功能大致相同，当然 RFID 标签具有防复制功能，而纸质防伪标签则不具有。但如果能识别被复制的标签，同样可以达到防伪的目的。

在物流中，发货方和收货方之间形成逻辑防伪网络，货物的真伪由发货方负责，真伪检验则由收货方负责。

防伪的范围很大，要求也千差万别。因此，防伪是永远值得研究的题目。实际上，信息安全的核心是真伪识别，物体的真伪识别称为防伪控制；通信地址的真伪识别称为接入控制；数据的真伪识别称为数据保护；软件的真伪识别称为可证操作等。虽然识别的方面不同，叫法也不同，但是其工作原理是相同的。

在纸质防伪网络中，采用竖向证明链和横向证明链形成的防伪逻辑网络。

## 13.1 防伪数字印章

每个产品如果需要提供真实性证据，至少需要证明厂名真实性、品牌真实性、特征真实性等。以上真实性证明，可以作为独立事件分别证明，也可以作为复合事件一次性证明。所有证明均由厂名提供。

先看独立证明的情况：

厂名证据：厂名真实性证据是厂家的标识鉴别$(s,c)$，如

$$s = k^{-1} \text{sk}_{manufacturer}$$

$$kG = (x,y); \; c \equiv (x+y) \bmod 2^m$$

以函数形式表示：

$$\text{SIG}_{sk_{manufacturer}}(0) = (s_0, c_0) = \text{sign}_0$$

品牌证据：品牌真实性证据是厂家对品牌的签名

$$\text{SIG}_{sk_{manufacturer}}(\text{brand}) = (s_1, c_1) = \text{sign}_1$$

特征证据：特征真实性证据是厂家对特征的签名

$$\text{SIG}_{sk_{manufacturer}}(\text{feature}) = (s_2, c_2) = \text{sign}_2$$

复合证据：复合证据是厂家对复合变量的签名

$$\text{SIG}_{sk_{manufacturer}}(\text{brand+feature}) = (s_3, c_3) = \text{sign}_3$$

防伪标签可以用智能标签（RFID）或纸张实现。印制纸质防伪标签时，印章以二维码形式打印。厂名印章示意如图13.1所示。

图 13.1　厂名印章示意

## 13.2　竖向证明链

纸质防伪标签的最大弱点是容易复制。因此，防止复制发生是纸质防伪标签的主要任务。

一个商品在流通中形成多层购销环节，在各环节之间可以互相制约构成竖向证明链。以发货方（第一层）和售货方（第二层）的两层结构为例：

第一层防伪标签是：

发货方（Supplier）提供发货方标识真实性证明和货物真实性证明。

发货方真实性证明是：

$$\text{SIG}_{sk_{supplier}}(0) = (s_0, c_0) = \text{sign}_0$$

品牌真实性证明是：

$$\text{SIG}_{sk_{supplier}}(\text{brand}) = (s_1, c_1) = \text{sign}_1$$

特征真实性证据是：

$$\text{SIG}_{sk_{supplier}}(\text{feature}) = (s_2, c_2) = \text{sign}_2$$

第二层防伪标签是：

如果批发市场的收货者变为零售市场的售货者（Seller），那么必须追加自己的真实性证明：

$$\text{SIG}_{sk_{seller}}(0) = (s_0, c_0)$$

再提供品牌真实性证明：

$$\text{SIG}_{sk_{seller}}(\text{brand}) = (s_1, c_1)$$

于是，在交易的各环节中形成真实性的证明链，如发货者证明和售货者证明之间形成竖向证明链。

因为所有证明都是用标识签名实现的，标签具有溯源性和不可抵赖性。

## 13.3 横向证明链

为了在各种标签和票据之间建立互相制约的逻辑关系，需要规范各种标签和票据的要素。横向和纵向证明链如图 13.2 所示。

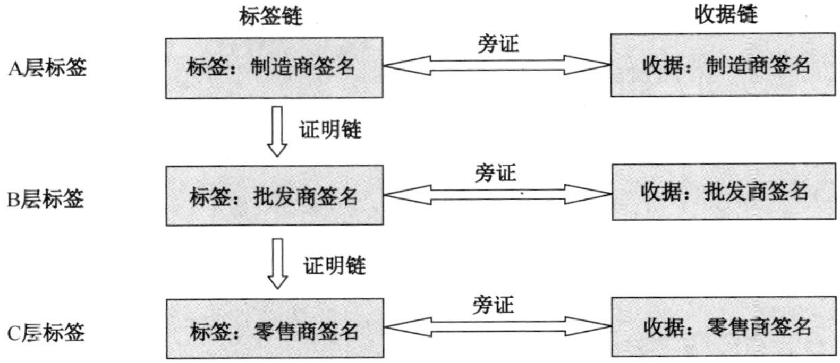

```
              标签链                    收据链
A层标签    标签：制造商签名   ⇔旁证⇔   收据：制造商签名
                 ⇓证明链
B层标签    标签：批发商签名   ⇔旁证⇔   收据：批发商签名
                 ⇓证明链
C层标签    标签：零售商签名   ⇔旁证⇔   收据：零售商签名
```

图 13.2　横向和纵向证明链

在购销环节中，除了防伪标签，还有价格标签、收据等。如果在各种标签之间建立互相制约的逻辑联系，那么可以建立横向的证明链。商场标价标签与防伪标签之间形成互证关系，在防伪标签和开具的收据（发票）之间又形成一层互证关系。

## 13.4　证明链的有效性

无论是竖向证明链还是横向证明链，其防伪的能力都是有限的。尽管这样，纸质防伪标签还是有它的优越性的，提供证明的成本很低，验证则免费开放，使人人都具有验证功能，实现方法也简单易行，可以起到应有作用。

防伪的主要任务是为广大购物者提供真伪识别的简便方法，同时要考虑到在发生纠纷的情况下提供法律依据的需要。

在同个商家开出的发票或收据中，其商号一定是一样的。如果商家 B 出售商家 A 证明的商品，但是商家 B 开不出商家 A 的发票或收据。因此，在防伪标签与收据之间又形成一种证明链。尽管纸质的防伪标签容易被复制，但如果标签和发票不具有一致性，很容易被购货人识别出来。所有防伪标签和电子票据都提供二维码，手机上的 NFC 都能直接读取出来，为公众提供防伪的有力武器。

对流通中的货物来说，如果不使用纸质防伪标签，则只能用 RFID 来实现。

## 13.5 防伪举例

以商标的防伪做例子，说明防伪的要素。

### 13.5.1 标价要素

各商场出售的商品都已贴有明码标价的标签，要素也定义清楚了。因此，在这种情况下只增加真实性证明即可。其要素应包括：

商场名：实名。

商场名真实性证明：签名时间、签名码。

物品名：实名。

单价：××元人民币。

物品名、单价真实性证明：签名码。

注：CPK 是基于标识的公钥体制，因此商场名真实性证明和物品名真实性证明是等价的。其中，商场真实性证明只用于有"事前鉴别"需求的场合，如果没有事前鉴别的需要，则可以省略，将上述要素可简化为：商场名、物品名、商家对物品名的签名。

### 13.5.2 收据要素

各商家在收款后都需要打出收据。收据要素的设计要达到两个目的：一个是建立与防伪的逻辑关系；另一个是考虑到收据的泾律地位，使收据能够起到发票的作用。其要素包括：

商家名：签名时间、签名码。

物品名：数量、金额、签名码。

注：同样，将上述要素可简化为：商家名、物品名、商家对物品名的签名。

### 13.5.3 防伪要素

防伪标签的要素，与其他标签基本相同。其要素包括：

商家名：签名时间、签名码。

物品名：签名码。

注：同样将上述要素简化为商家名、物品名、商家对物品名的签名。防伪标签的要素，以二维码的形式提供。

### 13.5.4 防伪验证显示

如灵签名码是正确的，则二维码显示所有内容：商家名、物品名。

商家名是在商家门口或在价格标签中明码给出的，购物者可以对比是否一致。物品名也是在价格标签中明码给出的，购物者是可以识别的。

# 第14章

# CPK 信号监控

传感信号的接收和发送是工业互联网的典型特点。本书以视频监控为例,说明工业互联网的结构、信号传输和存储等特点。视频监控系统由前端和后端构成。前端将连续不断的图像信息传输到后台存储。因此,视频安全突出体现在视频的传输和视频的存储等方面。本书利用 CPK 标识鉴别技术,实现传输和存储的可证性。可证传输包括链接的可证和数据的加密;可证存储包括视频真实性证明和访问控制。本视频监控系统,结合了鉴别技术和加密技术,保证了视频监控系统的安全运行。

视频监控系统的发展划分为第一代模拟视频监控系统(CCTV)、第二代基于"PC+多媒体卡"数字视频监控系统(DVR)、第三代完全基于 IP 网络视频监控系统(IPVS),以及介于第二代和第三代之间的 DVS。目前主流的系统为 IPVS。

从 IPVS 的组成可以看出,前端采集系统和后端处理系统之间是通过 IP 网络来链接的。其中后端系统布置在中心机房,系统防护相对完备,因此相对安全。前端的采集摄像头一般都含有物理侦测、防破拆等物理防护手段,因此也是相对安全的。中间的传输系统由于要布线,而且布线的距离短则几百米,长则有可能达到几公里,甚至要租用电信的专线网络。传统 IP 摄像头的视频数据是明码传输的,同时缺少身份认证,敏感数据完全暴露在不安全的环境中。

视频监控系统的安全威胁主要来自以下几个方面。

(1)数据窃听。入侵传输网络,通过旁路监听的方式访问和录制敏感的视频信息。

(2)数据重放。入侵传输网络,控制传输终端的视频码流发送顺序。

(3)数据替换。入侵传输网络,改变视频源,达到替换视频的目的。

(4)前端节点攻击。入侵传输网络,通过改变控制数据,达到控制前端摄像头的目的。

（5）后端服务器攻击。入侵传输网络的后端处理系统，控制后台视频服务器，获得敏感信息。

## 14.1 CPK 概要

视频系统的安全主要涉及视频信息的传输和视频信息的存储。本发明用组合公钥 CPK 技术，解决视频通信中的可证接入和加密通信问题，解决视频信息存储中的访问控制问题。

CPK 是唯一用 ECC 实现基于标识的公钥体制，公钥则是用户端自行计算。在 CPK 系统中，只要知道标识，就可以计算出公钥：

$$YS = Hash_{Hkey}(Alice) = v_0, v_1, v_2, \cdots, v_{23};$$

$$PK_{CELL_i} = (R_{v_{i\times 3}} + R_{v_{i\times 3+1}}) \times v_{i\times 3+2}$$

$$PK_{ALICE} = \sum_{i=0}^{7} PK_{CELL_i} + PK_{YEAR}$$

其中，Hash 是杂凑函数，$v_i$ 是坐标，$R_i$ 代表公钥数组，$FK_{ALICE}$ 为公钥。

密钥管理中心，负责生成私钥，分发私钥，一个实体一个私钥。

CPK 有两种功能，一种是标识签名功能，另一种是密钥加密功能。

CPK 现已可以全部用软件实现，系统和私钥可以在网上分发。

CPK 的运算速度很快，签名码最短。

## 14.2 标识定义

CPK 系统是自主可控系统，标识可由用户定义。有了标识就有了公钥和私钥。CPK 系统是从标识到标识（I to I）的平面化逻辑网络，不仅适应棋盘化的格状网，也能适应树形网和星状网。摄像头和后台属于树形网，各应用部门之间可能形成平面化格状网。无论是属于哪种网络结构，CPK 系统都能适应。

为了说明方便，先定义后台标识，后台用 $A, B, C, \cdots$ 表示，A 的摄像头用 $A_1, A_2, A_3, \cdots$ 表示。A 的公钥用 $PK_A$ 表示，私钥用 $sk_a$ 表示。

## 14.3 可证接入

摄像头和后台之间的信息传输是连续不间断的通信。其通信过程由链接过程和传输过程构成。

可证性链接是通过 CPK 标识鉴别协议实现的。先设标识为 Alice，证明 Alice 的真实性：

Alice 的真实性证据是标识签名：

$$SIG_{sk_{alice}}(0) = (s_0, c_0)$$

$$VER_{PK_{ALICE}}(0, s_0) = c_0'$$

其中，SIG 是 CPK 的签名函数，VER 是验证函数，$s$ 是证明码，$c$ 是核对码。

现设服务器 Server 发送摄像头 Camera 启动的指令（link）：

启动指令包括：服务器真实性证明、摄像头真实性证明及启动指令真实性证明，可以用复合签名实现，即

$$\text{SIG}_{\text{sk}_{server}}(\text{Camera+link}) = (s_1, c_1)$$

服务器将 msg={Camera, link, $(s_1,c_1)$}发送给摄像头。

摄像头 A1 接到指令后验证：

$$\text{VER}_{\text{PK}_{SERVER}}(\text{Camera+link}, s_1) = c_1'$$

如果 $c_1 = c_1'$，证明服务器是真实的，证明要链接的摄像头是 Camera。

摄像头启动，发送自己的真实性证据和数据：

$$\text{SIG}_{\text{sk}_{camera}}(0) = (s, c)$$

$$\text{msg} = \{(s,c), \text{data}\}$$

服务器检查摄像头 Camera 的真实性：

$$\text{VER}_{\text{PK}_{CAMERA}}(0, s) = c'$$

如果 $c = c'$，则接收 Camera 发过来的数据 data，否则拒收。

## 14.4 加密传输

传输过程是通过 CPK 密钥加密协议实现的。

设 Camera 给服务器加密数据，其加密协议如下：

Camera 选择随机数 $r$ 生成数据加密密钥 key：

$$r \cdot G = (x, y); \text{ key} \equiv (x+y) \bmod 2^m$$

$$E_{\text{key}}(\text{data}) = \text{code}$$

$$\text{ENC}_{PK_{SERVER}}(\text{key}) = \text{beta}$$

Camera 将 {code, beta} 发送给服务器，服务器脱密：

$$\text{DEC}_{sk_{server}}(\text{beta}) = \text{key}$$

$$D_{\text{key}}(\text{code}) = \text{data}$$

数据加密所用的密码，分组加密即可，用户自选。加密不一定对全部图像加密，只对部分图像加密也可以。

## 14.5 转发加密

服务器存储的数据，都是由前端 Camera 对每秒的图像真实性做了证明的。图像不管调到哪里，始终保持负责性和溯源性。因为图像是用服务器公钥加密的，因此服务器需要图像时可以脱密。

如果上级调取有关图像时用对方的公钥加密发送即可。设由 Office 调用，则用 Office 的公钥加密即可，如：

选择随机数 $r$ 生成数据加密密钥 key：

$$r \cdot G = (x, y); \text{ key} \equiv (x+y) \bmod 2^m$$

$$E_{\text{key}}(\text{data}) = \text{code}$$

在 CPK 系统中，只要知道对方标识，就可以计算出公钥，建立保密通信：

$$\text{Hash(Office)} \to i, j$$

$$\Sigma(R_{i,j}) = \text{PK}_{OFFICE}$$

用对方公钥将数据密钥加密：

$$\text{ENC}_{\text{PK}_{OFFICE}}(\text{key}) = \text{beta}$$

将(code, beta)发送给对方就可以。

## 14.6 可证存储

摄像头 Camera 每秒记录 24 帧图像，对第 24 帧图像加盖图像签名。摄像头 Camera 首先计算第 24 帧图像的完整性码 mac，并对 mac 签名：

$$\text{Hash}(24^{th}\ \text{frame}) = \text{mac}$$

$$\text{SIG}_{sk_{camera}}(\text{mac}) = (s, c)$$

服务器连续接收图像，在第 24 帧图像时验证：

$$\text{Hash}(24^{th}\ \text{frame}) = \text{mac}'$$

$$\text{VER}_{\text{PK}_{CAMERA}}(\text{mac}, s) = c'$$

如果 $c \neq c'$，证明图像不是来自本摄像头的。因此在服务器存储的图像都是具有图像真实性证明的数据。无论放到哪里都能提供负责性和溯源性证明。

前端摄像头，对每秒第 24 帧图像都做了真实性证明，但是对后端的检查来说，用不着对每秒的图像都进行验证，而对每分钟的图像验证一次就可以了。

为了实现帧签名，可以考虑签名的运算速度。CPK 在不同密钥长度下的速率如表 14.1 所示。

表 14.1 CPK 在不同密钥长度下的速率

| 密钥长度 | 签名长度 | 签名速度 | 验证速度 |
| --- | --- | --- | --- |
| 112 | 14+2=16 字节 | 1.05ms/次 | 1.43ms/次 |
| 160 | 20+2=22 字节 | 1.42ms/次 | 1.95ms/次 |
| 192 | 24+2=26 字节 | 1.93ms/次 | 2.61ms/次 |
| 256 | 32+2=34 字节 | 01μs/次 | 01μss/次 |

## 14.7 网络布局

网络布局服务于访问控制。现在假设 $Office_2$，$Office_3$ 也需要进行同样的图像研究，那么 $Office_2$ 或 $Office_3$ 的图像可以直接从后端 A 中调阅，也可以从 $Office_1$ 中调阅。从访问控制的角度考虑，后一种方案更好一些。视频监控网网络布局如图 14.1 所示。

摄像头 $A_1$、$A_2$、$A_3$ 和后端 A，以及 $Office_1$ 之间构成简单的树杈型网，而在各类 Office 之间构成平面化的格状网。这样从网络布局上，只有 $Office_1$ 才能访问后端 A、B、C，其他 Office 无权访问。

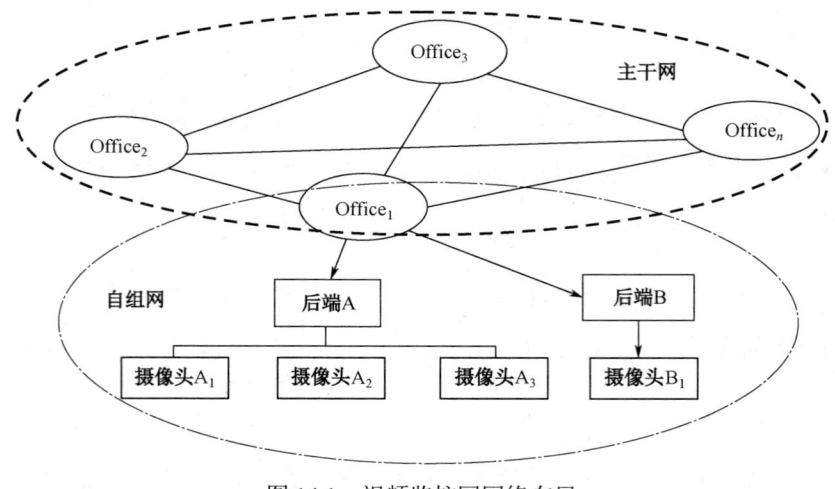

图 14.1 视频监控网网络布局

## 14.8 密钥配发

密钥配发也服务于访问控制。可证访问控制是用 CPK ID 证书实现的。

配发给摄像头 $A_1$ 的 ID 证书中记有私钥 $sk_{a_1}$。

配发给后端 A 的 ID 证书中记有 A 的私钥 $sk_a$。

配发给 $Office_1$ 的 ID 证书中记有 $Office_1$ 的私钥 $sk_{office_1}$。

ID 证书由密钥管理中心 KMC 分发。

## 14.9 小结

基于 CPK 的视频监控系统，其通信链接是可证链接，防止被非法接入；传输数据是加密的，防止被窃听；存储的图像对每秒的帧图像提供真实性证明，保证了负责性和溯源性；网络布局和密钥控制，保证了存储中的数据总是处在加密状态中，不怕被窃。

基于 CPK 的视频监控安全系统，与传统方法不同，不是主要依靠加密技术，而是主要依靠鉴别技术。CPK 技术提供标识鉴别技术，基于标识鉴别技术实现的安全系统，影视系统大大简化，干净利落地达到系统安全的目的。

# 第 15 章

## CPK 文档存取

保护存储数据安全的方法很多，这里介绍一种基于数字印章的数据保护方法。海量数据分为两大类：文本库的文档数据和关系库的表格数据。对文本库和关系库的进出数据控制，包括库的接入控制、文档的访问控制、文档的加密控制三个方面。进出数据的控制用"哨卡"技术实现。

文本库的加密可以做到分5级加密；关系库的加密可以做到字段级加密。特别是银行账目表格，各字段都有自己的签名证明，各字段之间形成完备的证明链，降低了替换攻击的可能性和数据被盗的可能性。

文献库的文档管理一般采用仓库式管理。文献有两种：一种是用于归档保存的文献，另一种是参加检索的文献。密级文件属于前一种文献，加密保存是最好的方法。后一种文献，如果加密保存则影响检索，因此需要解决加密与检索之间的矛盾。

关系库的文档称为表格，一个表格由字段（列）和记录（行）构成。一个表格包括几个记录，一个记录包括几个字段。表格、字段、记录都有名字，称为表名、字段名、记录名。

库哨设在库的前端，控制进、出数据；对数据自身的保护则靠数据印章进行。印章提供本数据的控制依据。

对数据库数据的安全保护，最终要做到数据不怕被窃。让数据不怕被窃的方法有多种。第一种方法是数据加密。加密的目的就是将机密文件变成公开文件，满足在广域网中发送的需要。第二种方法是使数据盗窃失去意义。例如，在银行库中盗窃了一个账户票据，但票据是由不可更改的（账户签名的）支付账户、收款账户、金额构成，盗窃者无法利用。

对数据的安全控制，主要依靠数据印章进行。操作人持有授权证书，文件具有文档证书。

## 15.1 存取控制

数据库前端设置库哨。库存的每份文件都具有文档证书,每个操作人都具有授权证书。

### 15.1.1 文档证书

文档证书如表 15.1 所示。

表 15.1 文档证书

| 项目 | 内容 | 签名码 |
|---|---|---|
| 1. 文件名 | 会议纪要 | |
| 2. 角色等级 | 0 级 | |
| 3. 文件范畴 | 个人 | |
| 4. 文件完整性 | mac | 管理员复合签名 |

角色等级:

0 级:公开(身份证号、电话号、账户名)

1 级:隐私(余额)

2 级:内部

3 级:秘密

4 级:机密

5 级:绝密

文件范畴:

个人：身份证号、电话号、账户名

财务：余额

### 15.1.2 授权证书

授权证书的格式如表 15.2 所示。

表 15.2 授权证书的格式

| 项目 | 内容 | 签名码 |
| --- | --- | --- |
| 持卡人 | 张三 | |
| 角色等级 | 1 | |
| 访问范畴 | 个人 | |
| 授权机构 | 管理员 | 复合签名 |

### 15.1.3 库哨控制

库哨的进出控制包括下列步骤。

步骤一：用户准备发送文件，并将文件和存储（取回）申请一并发送到数据库。

用户持有 ID card，申请的内容包括用户对文件名的签名和对 mac 的签名：

$$SIG_{sk_{user}}(fileID + mac) = sign = (s,c)$$

其中，SIG 是签名函数，user 是用户的私钥。mac 是文件 file 的抽样完整性码。在本方案中，mac 不提供完整性证明，而只提供数据的所属性证明。用户申请存储（取回）格式如下：

用户→库哨：$msg_1$ ={用户 ID, fileID, file, sign}

步骤二：库哨接到申请，验证用户的存储（取回）申请：

$$\text{VER}_{PK_{USER}}(\text{fileID}+\text{mac}, s) = kG = (x, y) \to c'$$

如果 $c = c'$，那么库哨就给文件 file 发放存储证（取出证）。如果不满足条件就拒绝发放存储证（取出证）。存储证（取出证）是库哨代表数据库 DB 对文件 file 的完整性码 mac 的签名：

$$\text{SIG}_{sk_{db}}(\text{fileID}+\text{mac}) = \text{sign}_2 = (s_2, c_2)$$

库哨将存储证（取出证）和文件发送到数据库中：

库哨 → 数据库：$\text{msg}_2 = \{\text{fileID}, \text{file}, \text{sign}_2\}$

步骤三：数据库验证存储证（取出证）

$$\text{VER}_{PK_{DB}}(\text{fileID}+\text{mac}, s_2) = c_2'$$

如果 $c_2 = c_2'$，则将文件 file 允许存储或取出，否则拒绝存储或取出。

## 15.2 文档存储

### 15.2.1 存储形式

文档的存储由链接控制和存储控制构成。文本文档存储形式如表 15.3 所示。

表 15.3 文本文档存储形式

| 文档名 | 密级 | 文档数据 | Hash | 签名 |
| --- | --- | --- | --- | --- |
| 文档名 1 | 1 | 文档数据 1 | $mac_1$ | $sign_1$ |
| 文档名 2 | 0 | 文档数据 2 | $mac_2$ | $sign_2$ |
| 文档名 3 | 1 | 文档数据 3 | $mac_3$ | $sign_3$ |
| … | … | … | … | … |

### 15.2.2 存储加密

机密文件,由用户加密后存储,角色等级由授权证书提供。文本文件有两种:一是自用文件,二是共用文件。两种文件的加密方法不同,分述如下。

1)自用文件加密

自用文件是指自己的文件自己存储,自己使用的文件。

Alice 随机定义数据加密密钥:

$$\text{key} = rG$$

Alice 对数据加密:

$$E_{\text{key}}(\text{data}) = \text{code}$$

Alice 计算 Alice 的公钥:

$$\text{Hash}(\text{Alice}) \to \sigma_2 = \Sigma(R_{i,j}) \to \text{PK}_{ALICE}$$

Alice 将密钥 key 用自己的公钥加密:

$$\text{ENC}_{\text{PK}_{ALICE}}(\text{key}) = \text{beta}$$

Alice 将加密数据(code, beta)存储在数据库 DB1 中。

自用文件脱密:

Alice 先用自己的私钥脱出数据加密密钥 key,并脱密:

$$\text{DEC}_{\text{sk}_{alice}}(\text{beta}) = \text{key}$$

$$D_{\text{key}}(\text{code}) = \text{data}$$

2）共用文件加密

文件库设置一个库密钥：DB1key，库密钥和角色密钥 ROLEkey 由管理员定义。每份文件有一个文件密钥：file1key，file1key 是

$$\text{Hash}(\text{DB1key} + \text{filename1} + \text{ROLEkey}) = \text{file1key}$$

共用文件的加密是：

$$E_{\text{file1key}}(\text{file}) = \text{code}$$

## 15.3 文档访问

### 15.3.1 访问申请

当用户（Alice）访问数据库（DB1）时，首先提出访问申请。为此用户首先提交用户真实性、目的地真实性证明。如：

$$\text{SIG}_{\text{sk}_{alice}}(\text{DB1}) = (s,c)$$

由于在访问申请中，明确定义了发送方（Alice）和接收方（DB1），复制攻击只能在发送方 Alice 与接收方 DB1 之间进行，任何复制攻击都很容易被 DB1 发现。这是数据库防止攻击的有力手段。

DB1 验证 Alice 的访问申请：

$$\text{VER}_{\text{PK}_{ALICE}}(\text{DB1}, s) = c'$$

如果 $c = c'$，就可以进入文本文件的访问过程。

### 15.3.2 范畴控制

如果文件范畴为个人，那么 Alice 可以查询身份证号、电话号、账

户名等。文件角色等级为最低的 0 级，如果 Alice 的角色等级为 3 级，往下级兼容，Alice 可以访问 3 级以下文件。在诸多条件中只要有一项不满足，就不能访问。

### 15.3.3 文件输出

根据文件 ID 定义，必须加密传送的文件，数据库用对方的公钥重新加密发送，保证传输的安全。

## 15.4 表格存储

### 15.4.1 存储结构

表格有表名，一个表格包括记录和字段。一个记录和一个字段可以独立存放，当一个字段为独立事件时，可以对独立事件签名，或者只对一个记录的复合事件签名。记录的存放方式如表 15.4 所示。

表 15.4 记录的存放方式

| 表名 | | | | | | | |
|---|---|---|---|---|---|---|---|
| 记录名 | 字段名 1 | 字段名 2 | 字段名 3 | | | Hash | 记录签名 |
| 记录名 1 | 内容 1.1 | 内容 1.2 | 内容 1.3 | | | $mac_1$ | $sign_1$ |
| 记录名 2 | 内容 2.1 | 内容 2.2 | 内容 2.3 | | | $mac_2$ | $sign_2$ |
| 记录名 3 | 内容 3.1 | 内容 3.2 | 内容 3.3 | | | $mac_3$ | $sign_3$ |

### 15.4.2 存储控制

在建立了可证链接之后，用户发送数据，数据包括：一个记录和记录证书的 QR2。

QR2={表格名, 记录名, 等级 0 级, 字段 1}

数据库检查记录名的真实性和本记录的完整性码：

$$\text{VER}_{PK_{ALICE}}(\text{mac},s) = c'$$

如果 $c = c'$，证明印章中的记录名没有被替换。

为了防止表格记录的丢失，用完整性码 mac 形成一个证据链，并由 DB1 签名，如下

$$\text{mac}_1 \oplus \text{mac}_2 \oplus \cdots \oplus \text{mac}_n = \text{chain}$$

$$\text{SIG}_{sk_{db1}}(\text{chain}) = (s,c)$$

在补充了新记录后，及时更新 $(s,c)$，表格的管理要注意保存 $(s,c)$，保证表格的完整性，防止记录的遗失。

### 15.4.3 表格加密

表格文件的加密用可变宽度的分组密码加密。

表格密钥 TABLEkey 定义如下，用于表格的加密：

Hash(DB1key+ROLEkey+tablename)=TABLEkey

记录密钥 RECORD1key 定义如下，用于记录 1 的加密：

Hash(DB1key+ROLEkey+record1name)=RECORD1key

字段密钥 SECMENTkey 定义如下，用于该字段的加密：

Hash(DB1key+ROLEkey+secmentname)=SECMENTkey

单元密钥 ELEMENTkey 定义如下，用于该单元的加密：

Hash(DB1key+ROLEkey+record1name+secmentname)=ELEMENTkey

# 第 16 章

# CPK 网络态势

网情探知系统对侦判数据进行汇总,为了解网络运行状态、软件运行状态、交易(办公)运行状态提供基本运行数据,是网络管理、软件管理、交易管理制定对策的基本依据。

网情侦判系统包括对网络安全运行、软件安全运行、交易(办公)安全运行的侦判。我们要准确把握真实的网情,就需要掌握真实的数据。因此,收集有关事件全面而真实的数据是本系统的关键。以往的信息系统,主要通过入侵检测系统、防火墙、传感器等收集信息,不够全面,也不够真实,受外加设备的功能限制,如:入侵监测系统侧重于监测非法软件的运行情况,而防火墙则侧重于监测非法入侵的网络情况,且是被动式的侦判系统。

网情探知系统依靠 CPK 系统本身具有的网络侦判功能、软件侦判功能、交易侦判功能,产生所需的侦判数据,不需要另行增加外部设备。

由 CPK 系统是以实体、事件为单位鉴别的系统。任何复合事件都可分解成单一事件,因此其侦判粒度可覆盖到每个单一事件,能够提供真实而全面的侦判数据。

这种网情探知系统的工作原理与马路监控管理系统的工作原理差不多,网络上的终端就相当于马路上的监视器。如果汽车的通行证是车牌号,人的通行证是居民身份证号,那么网络信息的通行证就是信息真实性证明。车牌号、身份证号等是在现实世界所用的证明码,而信息真实性证明是在逻辑世界所用的证明码,尽管其表现形态不同,但均采用统一的"示证-验证"模式,在复杂的网络环境中进行有序的管理。

## 16.1 信息侦判依据

CPK 鉴别系统是"一物一证""一事一证"系统,实现"示证-验证"

的统一，因此侦判所用的信息真实性证明是用 CPK 鉴别系统自动生成的。其中，示证系统的建立是一个难点，因为没有示证就无法验证。

CPK 鉴别系统的证据是由标识签名提供的，提供真实性、所属性、溯源性、负责性的证据。CPK 公钥体制的密钥和标识是一一映射的，不仅能解决密钥的规模化分发问题，也能够解决主体、客体的真实性证明问题。

对 CPK 鉴别系统的验证是对所有证据的一一验证，而验证所用公钥要由验证方自行计算，保证验证的客观性和自主性。

## 16.2 侦判数据生成

CPK 侦判数据产生和数据汇总的系统，功能主要包括收集侦判数据、记录侦判数据、汇总侦判数据。因为侦判系统必须是客观的，所以侦判系统必须建立在真实性判别的基础上。侦判数据形成的主体事件可以分为通信事件、软件事件、交易事件、脱密事件。分述如下。

### 16.2.1 通信事件

通信事件是接入事件、接收事件的复合事件。接入的侦判是在发送方提供的发送方真实性证明和接收方（从体）真实性证明的基础上实现的。

发送方真实性的证据是发送方的标识签名。发送方也要提供接收方的真实性证明，即发送方对接收方的签名，如：

$$s \equiv k^{-1}(\text{Bob} + \text{sk}_{alice}) \bmod n$$

$$kG = (x, y); \ (x + y) \bmod 2^m = c$$

于是证明码为$(s,c)$

接入的侦判是以接入方验证发送方标识的方式进行的：

$$\text{Hash}(\text{Alice}) \to i, j;\ \Sigma R_{i,j} = \text{PK}_{ALICE}$$

$$s^{-1}(\text{Bob} \cdot G + \text{PK}_{ALICE}) = kG \to c'$$

如果 $c = c'$，则证明标识 Alice 为真，接入方也为真。

接收的侦判：接收过程决定该不该接收该数据。如果需要对数据进行侦判，发送方应提供发送数据的真实性证明

$$s \equiv k^{-1}(\text{data} + \text{sk}_{alice}) \bmod n$$

$$kG = (x, y);\ c \equiv (x + y) \bmod 2^m$$

接收方验证数据的真实性，决定接收与否。

$$s^{-1}(\text{data} \cdot G + \text{PK}_{ALICE}) = kG = c'$$

如果 $c = c'$，则数据为真，请接收，否则为不正常事件。

### 16.2.2 软件事件

CPK 软件事件包括软件的下载、安装和执行控制。软件下载（加载）的侦判是在软件发行者的真实性和软件名的真实性基础上进行的。软件发行者的真实性证据是发行者（Issuer）的标识签名或发行者对软件名（Name）的签名，如：

$$s \equiv k^{-1} \text{sk}_{issuer} \bmod n$$

$$s \equiv k^{-1}(\text{sk}_{issuer} + \text{Name}) \bmod n$$

软件下载（加载）的侦判：验证软件发行者的真实性或复合私钥的

真实性

$$c' = s^{-1}(\text{PK}_{ISSUER}) = kG$$

$$c' = s^{-1}(\text{PK}_{ISSUER} + \text{Name} \cdot G) = kG$$

如果 $c = c'$，则软件发行者是真实的，否则是不正常软件。

验证软件名的真实性证明，为软件下载和安装提供侦判证据；为软件的加载和执行提供侦判证据

$$s \equiv k^{-1}(\text{file} + \text{mac} + \text{sk}_{issuer}) \bmod n$$

$$c' = s^{-1}(\text{file} \cdot G + \text{mac} \cdot G + \text{PK}_{ISSUER})$$

如果 $c = c'$，证明该软件是正常软件，否则是不正常软件。其中，发行者可以分为三种：一是厂家，二是集团客户，三是个人。由厂家发行的软件由厂家负责签名，集团客户的专用软件由发行软件的集团签名，个人用户对自己选定的软件签名。

### 16.2.3 交易事件

办公事件是受理事件、采纳事件、加密事件的复合事件。

受理侦判是在创建方真实性证明的基础上进行的。创建方（Alice）的真实性证据是标识签名：

$$s \equiv k^{-1}\text{sk}_{issuer} \bmod n$$

受理侦判是通过标识的真实性验证来进行的：

$$s^{-1}\text{PK}_{ISSUER} = kG \to c'$$

如果 $c = c'$，则为正常事件，受理，否则为非正常事件，拒绝受理。

采纳侦判是用特征真实性证明进行的：

$$s \equiv k^{-1}(\text{char} + \text{sk}_{issuer}) \bmod n$$

$$c' = s^{-1}(\text{char} \cdot G + \text{PK}_{ISSUER})$$

如果 $c = c'$，采纳事件为正常，采纳，否则成为不正常，不采纳。

### 16.2.4 脱密事件

脱密侦判是根据脱密成功与否来判定的。Bob 先用自己的私钥 $\text{sk}_{bob}$ 脱出数据加密密钥 key 并脱密：

$$(\text{sk}_{bob})^{-1}\beta = \text{key}$$

$$D_{\text{key}}(\text{code}) = \text{data}$$

如果脱密成功，则为正常加密事件，否则为不正常加密事件。

## 16.3 侦判数据汇总

在每个 CPK 鉴别系统中，都已包括事件感知登记表格。登记事项既可以很细致，也可以很宽泛，根据需求调整。如果终端逐级上报，逐级汇总网络运行状态，那么整个网络的运行状态会一目了然，其责任者也会很清楚，可作为维持网络秩序的依据。不法事件登记表如表 16.1 所示。

表 16.1 不法事件登记表

| 事件类别 | 事件主体 | 事件名 | 有证 | | 无证 | |
| --- | --- | --- | --- | --- | --- | --- |
| | | | 被拒 | 放行 | 被拒 | |
| 互联网事件 | 用户名 | 接入事件 | 标识（时间） | 标识（时间） | 标识（时间） | |
| | | 接收事件 | 标识（时间） | 标识（时间） | 标识（时间） | |

续表

| 事件类别 | 事件主体 | 事件名 | 有证 | 无证 | |
|---|---|---|---|---|---|
| | | | 被拒 | 放行 | 被拒 |
| 移动网事件 | 电话号 | 接入事件 | 标识（时间） | 标识（时间） | 标识（时间） |
| | | 接收事件 | 标识（时间） | 标识（时间） | 标识（时间） |
| 专网事件 | 实名 | 接入事件 | 标识（时间） | 标识（时间） | 标识（时间） |
| | | 接收事件 | 标识（时间） | 标识（时间） | 标识（时间） |
| 监控事件 | 设备号 | 接入事件 | 标识（时间） | 标识（时间） | 标识（时间） |
| | | 图像事件 | 标识（时间） | 标识（时间） | 标识（时间） |
| | | 加密事件 | 标识（时间） | 标识（时间） | 标识（时间） |
| 软件事件 | 厂家名 | 下载事件 | 标识（时间） | 标识（时间） | 标识（时间） |
| | 软件名 | 安装事件 | 标识（时间） | 标识（时间） | 标识（时间） |
| 办公事件 | 创建人 | 受理事件 | 标识（时间） | 标识（时间） | 标识（时间） |
| | | 采纳事件 | 标识（时间） | 标识（时间） | 标识（时间） |
| | | 脱密事件 | 标识（时间） | 标识（时间） | 标识（时间） |
| 支付事件 | 账户 | 付款事件 | 标识（时间） | 标识（时间） | 标识（时间） |
| | | 收款事件 | 标识（时间） | 标识（时间） | 标识（时间） |
| | | 记账事件 | 标识（时间） | 标识（时间） | 标识（时间） |

# 附录

# 附录 A

## 《CPK 密钥管理算法》
## 专家评议意见

2005 年 6 月 3 日，北京市科学技术委员会在北京信息安全产业基地召开了对《CPK（组合公钥）密钥管理算法》的评议会，听取了发明人南湘浩所作的算法介绍和研究情况的汇报。专家评议意见如下：

（1）CPK 密钥管理算法利用离散对数、椭圆曲线密码理论，构造了公、私钥矩阵，以少量因素生成大量公、私钥对；以映射算法将公、私钥变量与用户标识绑定，解决了基于标识的密钥管理的难题。

（2）CPK 密钥管理采用密钥集中生产、统筹配发的集中式模式，具有可控制、可管理的优点，便于构建由上而下的网络信任体系。

（3）CPK 密钥管理采用了密钥分散存储、静态调用的运行模式，可以实现无第三方的非在线认证，还解决了当前远程认证的难题。

评议专家一致认为：CPK 组合公钥是我国具有自主知识产权的密钥管理算法，经过多年的研究和实践，奠定了坚实的工作基础，具有重大的创新意义和广阔的应用前景。建议进一步强化系统安全性分析，加快应用进程。

评议组组长：蔡吉人

2005 年 6 月 3 日

**评议组成员签名：**

组长：蔡吉人

组员：周仲义、何德全、沈昌祥、裴定一、吕述望、屈延文、吴世忠、安晓龙

# 附录 B

## 我国解决世界难题"电子身份证"引起国际关注

新华社记者　杨民青

本刊讯　我国独创的信息安全核心技术——"电子身份证"技术，即海量标识认证应用技术，攻克了一项世界性难题。时任美洲密码年会执行主席闻之专程往来，称其是极佳方案，希望与我国合作，推动其成为国际标准。专家认为，此技术为我国抢占未来全球信息建设先机，提供了难得的机遇，国家应引起重视。

### 发达国家至今尚未解决的世界性难题

据记者了解，此技术发明人为总参谋部某部原研究员南湘浩，曾任解放军信息工程大学兼职教授、博士生导师，数十年从事信息安全研究和教学，曾主持研制我国第一台电子密码机，受到周恩来总理的重视，先后获国家和军队科技进步一、二、三等奖。

据专家介绍，认证技术是密码学的分支，通过数字签名和密钥交换来实现。现代密码学认为，算法可以公开，"一切秘密都寄寓于密钥中"。在物理世界中，人们通过身份证等证明文件确认真实性；在网络世界中，其真实性证明须通过认证技术实现。

认证是指，在"我——做——事"的定式中，提供"我"的真实性证明（主体认证），"做"的真实证明（操作认证）；"事"的真实证明（客体认证）。其中，主体认证直接提供"我是谁"的证明，只有标识认证才能解决，因此标识认证是关键的认证技术。

长期以来，标识认证是世界性难题，难在认证规模小和直接验证上。例如，银行账号必须满足 $10^{22}$ 个不同的标识认证；移动通信必须满足 $10^{11}$ 个不同的标识认证，且均不能依赖数据库等外部设备支持。

目前，认证技术主要有两种：一种是基于标识的算法，如 1984 年 Shamir 发明的 IBC 数字签名方案；1997 年南湘浩发明的 LPK "多重公钥算法"等。另一种是基于第三方证明的系统，如 1996 年的 PKI 技术，包括我国在内的许多国家都采用了此系统。

然而，基于第三方的证明系统存在重大缺陷：一是只能用于用户级的数据认证，不能用于实体级的标识认证；二是必须由在线证书库支持，处理能力有限，对多个证书库必须实行层次化管理，用户数超过百万，便出现瓶颈阻滞；三是建设维护代价高，适用范围有限，运行效率低，风险巨大，一旦数据库出现故障，便造成整个系统瘫痪。

**我国"电子身份证"技术原理独辟蹊径**

2003 年，南湘浩经过多年研究，从改变传统密钥生成的理念入手，提出 CPK "组合公钥算法"，简称 CPK 技术，开辟了以组合化解决规模化问题的新思路。CPK 算法以很小的因素，生产出近乎无限的密钥，通过"映射算法"建立标识与密钥的对应关系，从而将庞大数据库简化为微小的密钥生成矩阵。

CPK 技术以组合化方式，将公钥装在米粒大小的芯片中，芯片可储存个人的文字和图片资料，从而制成只能读取和无法复制、修改的"电子身份证"，制成可以在计算机上插拔的闪存盘，或嵌入银行卡中使用，无须网络支持和第三方认证，其识别认证规模达到 $10^{48} \sim 10^{100}$ 个，完全可满足全球使用。

有人形象比喻,这好比乐曲库,国外技术需要储存世界上的每支乐曲,一个曲库存不下,只好建立多个曲库,调用时必须打开全部库存,而我国技术只需储存构成乐曲的音符,根据乐曲名组合调用。

我国技术实现了认证的海量性和简便性,管理部门只需将用户证书(私钥)和相应的管理信息注入芯片,分发给用户,用户就可根据需要构建任意规模和结构的认证体系,实施有效监管。任何有芯片证书的用户均可与其他拥有同类芯片证书的用户直接认证,不再需要认证中心和在线数据库的支持,认证过程由原来的6步完成,简化为2步完成;原来需要10多步的可信链接过程,简化为一次性过程。不仅部署成本大幅降低,而且几乎不需要日常的维护管理,从而为普及应用创造了条件。

这种芯片可嵌入公众的计算机、手机中,不受时间、地点的限制,对信息及附有信息的物品进行真伪识别。而美国技术最多只能对百万计用户进行认证,而且必须进行层次化管理。我国采用 CPK 保密通话,密码同步过程用时不到 1 秒。美国采用 PKI 保密通话,其时间则长达 6 秒以上,到了难以忍受的地步。

2005 年 6 月,北京市科学技术委员会邀请 10 位国内知名信息安全专家,对此项技术进行评议。大家一致认为,这项技术是重大自主创新,具有普遍的实用推广价值。时任美洲密码年会执行主席詹姆士·休斯得知后,专程来北京与南湘浩交流,连声说:"excellent!"称赞其是"极佳解决方案",强烈希望共同合作,使其成为国际标准。

### "电子身份证"对世界网络建设意义重大

在北京市科学技术委员会的支持下,南湘浩完成了基础认证体系的构建和 CPK 芯片的开发,并延伸到保密通信领域,均达到实用化要求。中国民生银行使用此技术进行电子票据签章,效果良好。他们与有关通信部门协作,开发出了可用于 3G 系统的高端安全认证手机样机,产业化开发已经起步。

此技术已获国家发明专利。此外，在可信计算、可信链接、电子银行、标签防伪等应用领域，南湘浩申报了 12 项国家发明专利。在总装备部的支持和资助下，南湘浩教授出版了专著《CPK 标识认证》，围绕新一代安全理论和技术研究，在专业刊物上发表了 20 余篇文章，在国内外信息安全界引起反响。业内专家认为，CPK 技术意义重大：

一是有利于我国抢占未来全球信息化建设先机。1993 年，时任美国总统克林顿抓住历史机遇，提出著名的建设"信息高速公路"计划，从而带动世界各国掀起网络建设热潮，为美国经济发展赢得先机。如今，建立可信网络成为头等大事。向国际推广 CPK 技术，将为我国抢占未来全球信息化建设先机，提供难得机遇。

二是有利于我国为人类网络世界建设作出贡献。网络世界形成后，一边创造财富，提供方便；一边制造犯罪，制造麻烦。2005 年 2 月，美国总统信息化咨询委员会经过两年调研，走访数百名专家，向布什总统提交《赛博安全：优先项目危机》的报告，认为信息安全越来越糟，应从边界防护模式中吸取惨痛教训，建立可信系统，建议将认证作为头等任务。我国推动 CPK 技术，建立"电子身份证"，可使我国在人类建设有序网络世界中作出贡献。

三是有利于我国率先建立集中管理网络模式。CPK 技术为我国建立集中管理网络模式提供了有效技术保障，由于这一技术具有认证的海量性和验证的简便性，可使我国在全球率先实行"电子身份证"制度，有利于我国的政治安定、经济发展，以及国民精神文明水平的提高。

四是有利于减少网络犯罪和计算机病毒。随着网络的发展，全球网络犯罪和计算机病毒有愈演愈烈之势，网络安全成本已大约占网络经济总额的 15%，信息安全进入赛博安全时代，战略安全观已发生深刻变化。

客观要求网络世界必须从被动防护走向主动治理，而且利用海量标识认证技术，恰恰解决了这一世界性难题，在全球推行"电子身份证"制度，可从根本上减少网络犯罪和控制计算机病毒传播。

五是有利于减少假冒伪劣制品。假冒伪劣制品是全球仅次于毒品的第二大公害，联合国的一项调查结果显示，各国假冒产品交易额超过世界贸易额的 5%，由此每年给正规厂商造成经济损失高达 1380 亿美元。长期以来，我国商品假冒伪劣现象屡禁不止，实行"电子身份证"制度，可从源头上治理这一顽症，净化市场环境。

据记者了解，从使用 CPK 的实践看，这一技术已经成熟，尤其在政府、军事、公安、金融等部门有推广价值，适用于电子票务、烟酒、计算机、军事物流管理及真伪鉴别等行业。

据记者了解，由于此技术的先进性，在国内推广尚有困难。有的说，技术好是好，可以前没见过；有的说，这样的技术，要国家先有说法；有的说，我们已花巨资引进美国技术，用国产技术等于另起炉灶等。

面对国际合作要求和物质利益诱惑，南湘浩感慨地说："在少数企业推广赚钱，不是我的主要目的。在强调自主创新的今天，可真有了自主创新，却难以被自己人认识，但愿不要出口转内销，不要错过历史机遇。"

# 附录 C

我国第一台电子密码机设计者南湘浩教授建议

## 推广 CPK 技术构建自主可控的网络安全体系

人民日报记者　何拥军

随着网络空间渗透进社会的各领域,网络安全成为直接关系国家安危和政治稳定的重大战略问题。作为我国的重大自主创新项目,组合公钥(Combined Public Key,CPK)技术解决了网络标识真实性证明(电子身份证)这一世界性难题。专家呼吁,我国应大力发展 CPK 技术,开发推广新型标识鉴别系统和相应创新产品,构建自主可控的新一代网络安全体系。

CPK 能从根本上扭转我国网络安全的被动局面。CPK 体制是资深密码专家南湘浩发明的加密算法。南湘浩教授是我军著名的"暗算"专家,我国第一台电子密码机的设计者,曾任国家保密局技术顾问、国家信息安全重点实验室技术委员会副主任。据了解,我国业界认为:CPK 是唯一能够同时支持数字签名和密钥传递的公钥体制,同时具有自主知识产权,能够从根本上解决我国信息安全的核心问题。2008 年,CPK 算法受到了世界顶级密码学会议——欧洲密码年会的关注和讨论,并得到了国际信息安全界的认可。2011 年,CPK 系统先后被 5 个国家部委和特定部门列为重点扶持项目。

南湘浩教授告诉记者,目前我国网络核心技术受制于人,网络安全正面临着越来越严重的挑战:一是在支撑全球互联网运转的 13 台服务器中，有 10 台设在美国，我国一台都没有。现行 IP 及未来 IPv6 技术协议，也都在美国掌控之下。二是美国研发的"舒特"技术，可通过无线注入方式突破物理隔离防范，控制对方预警探测网络，激活固网中事先预设的"陷阱"。三是随着 Windows XP 停止技术服务和 Windows 7 的强制推行，迫使终端用户必须对外透明，使我处在要么用户身份、位置信息完全暴露的被动状态，要么处在难以得到有效技术支持和升级维护保障的被动状态，而且还有被设置"后门"的重大隐患。为了打破网络核心技术受制于人的被动局面，实现信息系统和网络的安全运行，必须着力加强自主可控信息技术的研究和应用。CPK 标识鉴别系统的开发，正是维护网络自主安全的一种先行试探。

CPK 鉴别系统具有可靠的技术优势。世界上专业的认证系统或鉴别系统只有 PKI 和 CPK。1990 年，美国推出了基于第三方的公钥基础设施（PKI）。PKI 是认证资质，建立信任关系的系统，将规模化的认证依靠层次化和庞大的第三方机构来实现。因此美国国防部宣称，美军经受不起 PKI 引起的信息爆炸问题，迫切希望出现替代技术。而我国提出的 CPK 是基于标识的鉴别系统，不依赖第三方，以水平化管理实现规模化鉴别，不存在信息爆炸的问题。CPK 的系统成本只有 PKI 的 1/10，而效益却是 PKI 的 10 倍。

在鉴别功能上：PKI 的数字签名很长，只能应用于"事后证明"的用户认证，不能用于"事前证明"的标识鉴别，不能防止非法接入；只能实现双向在线的密钥交换，不能实现文件的单项脱线加密。CPK 则能实现短签名，既能用于"事后证明"的用户鉴别，也能用于"事前证明"的标识鉴别，不仅能防止非法接入，也能实现单项脱线的密钥传递和文件的脱线加密。

在使用寿命上：随着量子计算机的问世，PKI 基于第三方的鉴别验证体制，为量子计算的攻击提供了可乘之机。可以估算，PKI 的寿命最多只有10年。而CPK基于标识的体制,将密钥生成和密钥分发作为统一整体解决,并已成功构建了世界上第一个可抗量子计算攻击的公钥体制,因此CPK在量子时代也同样适用。

在鉴别规模上:2005年,美国总统信息技术顾问委员会将规模为$10^{10}$的鉴别技术作为美国网络安全的首要目标。2011年4月,奥巴马政府将"网络空间可信标识"作为国家战略开始进行研究。而CPK不仅鉴别规模可超过$10^{48}$,而且在理论上创立了新的证明逻辑,解决了标识真实性证明的难题。美国刚刚提出任务和目标,而我们已在理论上和技术上超越了美国的计划目标。

CPK具有广阔的应用前景。南湘浩说,CPK的核心技术代表未来网络安全技术发展的方向。随着信息技术的发展,网络安全策略正从堵漏洞、打补丁的被动防御型网络安全转变为"我方识别"的主动管理型网络安全。"我方识别"的安全策略是非我方即为他方,即执行鉴别的我方软件,非我方软件一概不执行,如病毒、木马等,以此实施细胞级的自主保护,可抵御一切非法入侵。例如,把CPK插在通信设备上,手机就可鉴别来电号码的真实性,路由器可鉴别发信方IP地址的真实性,以此有效防止非法接入,并能提供通信数据的加密保护。例如,将CPK作为银行借贷卡,由持卡人提供账号真实性证明,有效杜绝银行内部作案的可能性和各种金融诈骗的发生,且银行无须保留用户口令,银行数据的丢失不造成储户的损失,能够大大减轻银行的负担和责任。

目前,在民生银行等多家单位试验应用已开发出的CPK相应产品,效果良好。CPK体制已申报了20多项国内外专利,形成了一套具有自主知识产权的安全保障体系,打牢了迈向高度产业化的坚实基础。南湘浩教授告诉记者,我国已具备了量产CPK芯片的能力,完全可替代进口产品,实现真正意义上的自主可控式网络安全。

# 附录 D

## CPK 体制走向国际——2007 欧洲密码年会纪事

北京大学信息科学学院信息安全研究室 关志

### 1. 欧洲密码年会概况

2007 年的欧洲密码年会在西班牙的海滨城市巴塞罗那市中心西班牙广场的巴塞罗那大酒店举行。会议的合作主办方包括西班牙的加泰罗尼亚理工大学的应用密码研究组,以及 UMA 的信息安全研究组。会议的程序主席由 Moni Naor 担任,联合主席由 Javier López 和 Germán Sáez 担任。

本次大会吸引了众多学术界、企业界的人员,也包括不少国家政府部门的观察员。会议有 33 篇正式报告、2 个特约报告及 27 个自由报告。本次会议是密码学界的一次盛会,在这里可以看到很多信息安全领域的著名人物。本次大会一共有近 400 人注册参加。

会议于 2007 年 5 月 21 日正式召开。整个会议的主要内容是论文的作者就论文内容作 30 分钟的报告,与会者可以就论文的内容进行提问。按照不同的领域,33 个报告共分为 11 个专题,每个专题都会挑选一个该领域的著名学者作为专题的主席。

除了论文集收录的论文报告,还包括 Stern 做的《密码学——从 A 到 Z》和 Miller 的《椭圆曲线与密码学:发明和影响》两个特邀报告。《密码学——从 A 到 Z》以字母表的方式回顾了整个密码学发展的历程,从 A 到 Z 每个字母都关联一个与密码学有关的学者或者算法。例如,S 就以信息论的创始人 Shannon 为介绍对象。在开始之前,Stern 还特意选了3个字母让大家猜，报告结束之后问大家是否有3个都猜中的，结果只有Diffie一个人猜中了3个，猜对两个的人数就比较多了，有20多个人猜对了两个。Miller是椭圆曲线的发明人之一，随着椭圆曲线在密码领域的作用越发重要，由椭圆曲线发明人本人在密码年会作最后一场压轴的特约报告再合适不过。他作的报告时长达1小时，非常精彩，其间介绍了整个椭圆曲线密码学的发展历程及相关学者。

### 2．CPK报告情况

2006年8月在美洲密码年会上，Microsystems的Hughes从与会的翟起滨教授那里了解到CPK体制，9月底专程到北京与南湘浩教授会面，并表达了今年欧洲密码年会上公布CPK体制的意向。Hughes认为CPK体制能够为操作系统和网络安全带来巨大的推动作用，能够大大简化现有应用，对公司未来发展起到重大作用。

经南湘浩教授同意，本次美洲密码年会上Hughes准备了CPK体制的相关报告，并且与参会的密码学家就这一算法及其应用前景进行了讨论。我同时作为南湘浩教授的学生和Hughes的访问学生，也随Hughes一起参加了这次会议，并携带了CPK built-in USB token样品，提供给相关学者和专家。在会议期间我一直和Hughes在一起，与著名人士共进晚餐，包括Diffie、Miller、高通的Rose、NIST的John M. Kelsey Jr.、UCL Crypto的Quisquater、HP的Susan等。

为了这次报告能够成功进行，在报告前Hughes做了充分的准备，除了向前面介绍的著名专家学者分别介绍这个报告的内容，也同在本次会议发表椭圆曲线密码学相关论文的Granger及其他椭圆曲线领域的年轻学者介绍和探讨了有关具体问题。Granger提出曾经有一篇论文可能与CPK类似，并帮助我们找到了这篇论文，最后发现不是相同的算法，于是基本确定了CPK体制是与其他已有IBE算法不同的新算法。同时相关专家学者也没有对 CPK 体制的安全性提出疑义；至于共谋问题，需要具体的定性和定量分析；对于碰撞问题，审阅报告的学者认为散列算法的安全问题不应包括在 CPK 体制的安全性中，何况在理论中、实际中也存在未被攻破的散列函数或 CBC-MAC 函数。

Rump Session 非常活跃，很多正在研究的新课题、新思想都可以在这里进行简要介绍，一些即将召开的学术会议和活动也会在这里公布，因此 Rump Session 是了解密码学发展动态的平台，也是发布新技术、新成果的平台。例如，王小云教授就是在 2004 年美洲密码年会的 Rump Session 上公布了她对散列函数的碰撞成果。

Hughes 关于 CPK 体制的报告内容得到了 Rump Session 主席 Waters 的肯定，并在他的建议下题目确定为 CPK: Bounded Identity Encryption，使之更容易与其他 IBE 方案相区别。报告介绍了 CPK 体制，并且向与会者再次提出下面两个问题：CPK 体制是新的吗？CPK 体制的安全性如何衡量？报告非常成功，报告结束后随即受到世界密码学者的关注。第二天就有斯坦福大学的密码学者进一步询问有关算法的详情。

另外我们和 Quisquater 教授及他的学生共同探讨了用芯片保护私钥的问题。他们对智能卡芯片的攻击进行了大量的研究，在安全界享有盛誉。双方将在芯片的安全性分析和安全性增强方面继续合作。

Hughes 认为，我们下一步最紧迫的工作是在欧洲密码年会维护的论文网站上公布 CPK 体制的一个净化版本，给关注 CPK 体制的学者提供参考。

# 附录 E

信息安全技术普遍有这样的特点：一方面信息安全技术更新换代的频率极高；另一方面在目前的情况下，技术的创新走向又面临着诸多困惑的局面，特别是具有革命意义的新技术和理论隐匿在传统势力的包围中难觅踪影，因而挑战这种革命性技术成为信息安全面临的重大课题。

## 标识鉴别打开信息安全新天地——走进南湘浩教授的 CPK 世界

记者　李雪

2006 年 9 月

日新月异的信息安全技术，随着网络的发展和应用的扩展，内涵和外延都随之发生了巨大变化。从封闭的计算机网络发展为开放的互联网，从简单的数据通信应用，发展到网上交易，使信息安全技术整体上由数据安全、网络安全，逐步向应用安全发展，并进入一个新的历史阶段，业界把这一阶段称为赛博安全（Cyber Security）。

这种变化非常快速，急剧的变化也使得信息安全技术呈现出快速的更替和升级。但是，纵观近些年信息安全技术的走势，人们却很少看到具有革命性的技术涌现。这是一个值得思考和关注的问题。

因此，当南湘浩教授提出 CPK 组合公钥体制的理论时，很多人却并未真正地认识到它的价值。即使一些专业的人士也曾表示，应该由南湘浩教授来谈谈，CPK 究竟是什么东西，它能够给信息安全带来什么东西，它到底能否带来革命性的变化？

中国信息产业商会信息安全产业分会在其创新报告中，郑重向国家有关方面提出建议，建立 CPK 鉴别工程中心和 CPK 鉴别技术重点实验室。可以看出，这一理论已经在业内取得了一定的共识。

坐在南湘浩教授的对面，听他介绍 CPK 的来龙去脉，仿佛置身在标识鉴别巨大应用的海洋之中，使人颇受鼓舞。

"信息安全理论和技术的变化如此之快，如果不及时更新，就会跟不上形势发展的需要。CPK 值得骄傲的地方在于我们有，美国还没有。"著名密码专家南湘浩教授用这样的开场白拉开了记者采访的序幕。

**鉴别系统解决了两个空间的贯通的难题**

安全实践告诉我们，信息世界的主要安全要求是保证计算可证、链接可证、交易可证，其最终目标是将现实世界中的"身份证""户口本""车牌照""户籍制度""交通法规"等管理方法和手段引入信息空间，建立贯通两个空间的良好秩序。这将是一场新技术推动的变革，而主导这场变革的只能是政府，所使用的基本武器就是以鉴别技术为核心的新一代信息安全技术。在新一代信息安全技术的研究中，有一个关键技术，就是鉴别技术，特别是标识鉴别。

无论是可托计算平台、可证接入的标签、代理活动还是交易活动都需要鉴别技术。在信息世界的鉴别系统中，一般都将逻辑参数作为鉴别的主要依据。目前在世界上存在着以下三种鉴别技术：一是基于 PKI（Public Key Infrastructure）技术实现的认证系统。PKI 的运行靠两个基本部件：层次的 CA 机构和在线运行的证书库，因为系统靠数据库的在线运行，其运行效率很低，处理能力并不大。据统计，一个证书库的处理能力不超过 1000 个。

二是基于 IBE（Identity Based Encryption）算法实现的鉴别系统。2001 年，Don Boneh 和 Matthew Franklin 提出了基于标识的 IBE 算法，

虽然取消了靠第三方证明的 CA 和证书库,但是,其密钥交换仍需在线密钥服务器的支持;当其数字签名不需要数据库的支持时,必须将公钥作为数字签名的组成一并发送,进而加大了签名长度。尽管如此,在国际上仍吸引了很大的关注,大有替代 PKI 之势。

三是基于 CPK(Combined Public Key)组合算法实现的鉴别系统。CPK 体制于 1999 年提出,2003 年公布,也是基于标识的公钥算法,但它不需要第三方证明,又因为只需要保留少量公共参数而不需要保留用户数据,进而不需要在线数据库的支持,运行效率很高,处理能力很强,从而大大扩展了其应用范围。

CPK 与 PKI、IBE 之间,有一些相通之处,但它们的技术路线不同,PKI 是通过第三方间接证明的体系,而 IBE、CPK 是将标识作为公钥的直接证明的体系。IBE 的标识签名和密钥交换采用不同的运行体制,而 CPK 则是同一个运行体制。目前只有 CPK 才能同时满足鉴别的规模性、证明的直接性、管理的简便性三个要求。这是从理论层面对 CPK 的简单概括。

### 标识鉴别是信息安全的核心

在南湘浩教授看来,CPK 究其根本就是解决了信息安全的核心问题——标识鉴别问题。"标识鉴别就是以前大家所说的'Identity',由于翻译的不同,过去称之为身份认证,从这个角度来看,标识鉴别的概念就被缩小在了用户级的概念里面"。

传统的信息安全是较窄层面的,信息社会的安全才是信息安全的宽阔领域。从技术层面上来讲,网络信息安全的核心技术是:标识鉴别和行为监管。

"标识是一切实体(包括客体)都有的。例如,每个文件都有它自己的名字,人有人名,用户有用户名,设备有设备名(编号或序列号),数据有数据名,软件(进程)有软件(进程)名,同一个用户,在邮件通信时以邮件地址作为自己的标识,在打电话时以手机号作为自己的标识,在存取款时以银行账号作为自己的标识等,这就叫标识。"

南湘浩教授进一步解释说,"标识鉴别是对标识进行真伪判别的技术,标识鉴别的难点首先是鉴别的规模性。鉴别规模的最低要求,以国内手机电话为例,要满足 $10^{11}$ 个不同电话号标识的鉴别,以银行账号为例,要满足 $10^{22}$ 个不同账号标识的鉴别。其次是证明的直接性。标识鉴别由'证明方'和'验证方'构成,而往往证明很容易,验证却很困难。因此在一个标识鉴别系统中,发'证'的简便与否并不重要,更重要的是验'证'是否简便。例如,一个防伪系统,商家用贴防伪标签的方式提供证明,这很容易做到,PKI 系统发放证书也很容易,但是怎么证明其真假呢?如果其验证过程很复杂,只能采用打电话询问或访问数据库的方式,而不能当场鉴别,那么这种鉴别系统绝非我们所追求的理想系统。最后是管理的简便性,也就是说鉴别活动要能够受到国家的有效监视、管理和控制。"

南湘浩教授提出的 CPK 技术,同时充分满足这三个条件,这三点正是 CPK 技术的真正价值和精华所在。

鉴别技术之所以重要,是因为可以通过它解决真伪识别的问题,从而彻底改变实现网络安全的前提条件。同时,由于鉴别技术的基础是密钥算法,这也使攻击的技术门槛从普通黑客技术提升到专业密码破译的高度,使安全防范水平得到质的提升。正因为如此,PITAC 向布什总统提交的《赛博安全:优先项目危机》的报告中,将鉴别技术,特别是规模化的鉴别技术列在 10 大任务之首,说明美国认识到鉴别技术的重要性,同时说明美国的鉴别技术还不过关。南湘浩教授说:"这份报告反映了美国信息安全的现状。10 大任务的提出是深思熟虑之后的,而且都是构建可信系统的关键课题。但是美国人没有研究透10大任务之间的内在联系,说10大任务的排序不代表重要性。他们还搞不清10大任务中哪个是更为优先的关键项目,还在所谓的'优先权危机'的困惑当中。"

国际上没能解决的问题,南湘浩教授却非常有信心,他研究的可信交易的理论及在此基础上发展的标识鉴别理论抓住了问题的要害,并用CPK技术解决了$10^{48} \sim 10^{77}$规模的标识鉴别这一国际性难题。这些成果集中体现在《CPK标识鉴别——构建可信系统的基础》一书中,主要成果已经申请了中国和国际专利。"一共申报了12个中国发明专利和11个实用(新型)中国专利,5个国际专利,专利的编写过程越写越顺畅。"提起CPK,南湘浩教授异常兴奋。"为什么呢?因为关键问题解决了,纲举目张,其他问题就迎刃而解了,标识鉴别是整个信息安全的核心,欧美国家没解决,但是我们解决了。"说到这里,南湘浩教授爽朗地大笑起来。

由此可见,CPK技术代表了鉴别技术的发展方向,这项专利技术的产生,使我国在这一关键技术领域取得了领先地位,为我国发展自主信息安全技术奠定了坚实的基础。

**CPK:与最新的信息安全概念同步发展**

以前大家谈到信息安全,往往只局限于信息系统领域内,在南湘浩教授看来,防伪技术的应用其实也涉及信息世界领域,被叫作赛博世界。

在南湘浩教授的眼里,信息文明把人类生活从物理世界引向虚拟世界,虚拟世界由最初的无序世界,走向有序世界,人类最终需要对自己的行为和交易活动负责,这样的世界才是可信的世界,整个人类社会才会更和谐。

"Cyber 才是真正的'信息'。"南湘浩教授说,"现在 Cyber 出来了,不能再翻译成'信息',只好翻译成'网络世界'"。在这里,Cyber 不单指虚拟世界,也指物质世界,两者是一体的。我们的安全已经同时涉及防伪系统和物质领域,这体现了时代的变化,也更宽泛,因此,有必要采用像赛博世界这样含义更宽泛的词语来准确表达。

他解释说,信息安全的发展经历了一个演变过程。这个概念最早是从专网发展起来的,在我国被叫作"军事网",在美国被称为"国防网",采用的策略是 Security 策略(强制保证),与此相连的另一个发展过程是互联网,采用的是克林顿总统提出的 Assurance 策略(自己把握)。到了 Cyber 时代,布什总统提出的 Trusting 策略(使人信任),又前进了很大一步。但是,可证性的基础是真伪鉴别,而不是信任,从这个意义上说,标识鉴别不同于可信系统。

## CPK 技术的应用前景广阔

CPK 技术不仅可以应用于 PKI 等其他鉴别技术的所能做到的领域,也能应用于 PKI 等所做不到的其他领域。"现在研究标识技术的人员,正在开发各种应用,如坐飞机凭身份证,开车凭驾驶证,逐渐在网络上也要实行这种鉴别。"南湘浩教授说:"可见,技术更加先进的 CPK 技术成为新的安全领域中核心技术的一部分,是一种必然趋势。"由于 CPK 技术不需要第三方认证和在线数据库的支持,其应用更加简便、灵活、高效、廉价,而且系统规模越大,效益越高。

因为 CPK 技术是基于标识的算法,所以 CPK 技术的另一大特点是能够对任何实体的标识进行直接鉴别,即"当场鉴别",而不需要外部设备的支持。因此它可用于通信标识的鉴别,有效防止非法介入;可用于软件标识的鉴别,有效控制非法软件的入侵;可用于防伪标签的鉴别,有效鉴别假货;可用于可信交易,为用户、数据、印章提供可证性证明,实现交易的每个环节的鉴别化，交易全过程的私密化。

CPK技术是芯片级实现的鉴别系统，一个ID证书中包括多种私钥，有不同的用途。CPK技术还可以通过不同的参数和密钥矩阵进行作用域划分，并可实现跨域鉴别，从而为实现复杂授权管理提供基础。CPK产品的基本形态是芯片（如内带CPU的U棒、IC卡等），进行加、解密运算时不消耗主机资源，并可在鉴别双方之间建立保密通道，实现数据的加密、存储、传输，而成本可能只有密码机的几十分之一。

在采访过程中，我们还难以透彻把握CPK技术的全貌。但有一点是肯定的，那就是，CPK技术是一项带有革命性、基础性的关键技术，它以芯片化解决了规模化标识鉴别的难题，并正在迅猛冲破传统的信息安全观念和发展模式，孕育着新的巨大创新空间和商机，催生着新的研究课题和产业链。如果把这一成果应用于它所涉及的所有领域，如与老百姓生活密切相关的防伪等众多领域，它将使我们的产品安全产生一个极大的飞跃。同时，CPK技术的提出和完善，也让我们有机会在这一领域中处于世界的领先地位，而在过去，这种领先水平的技术并不多见。

CPK专利已经按正常程序向国家有关方面提交了报告，希望能够在国家的指导和管理下进行推广。这一成果也得到了信息安全产业分会的大力支持，正在向真正的应用迈进。但是，把先进的理念、理论、技术转变为现实，还有很长的路要走，还需要坚持不懈地努力。

我们在寄希望CPK技术服务于信息化建设和民众安全需要的同时，也热切盼望着有更多突破性的安全理论和技术的出现。王小云教授对MD5的贡献已让世界吃惊了一场，CPK等尚未被人熟知的先进技术也将让世界刮目相看。

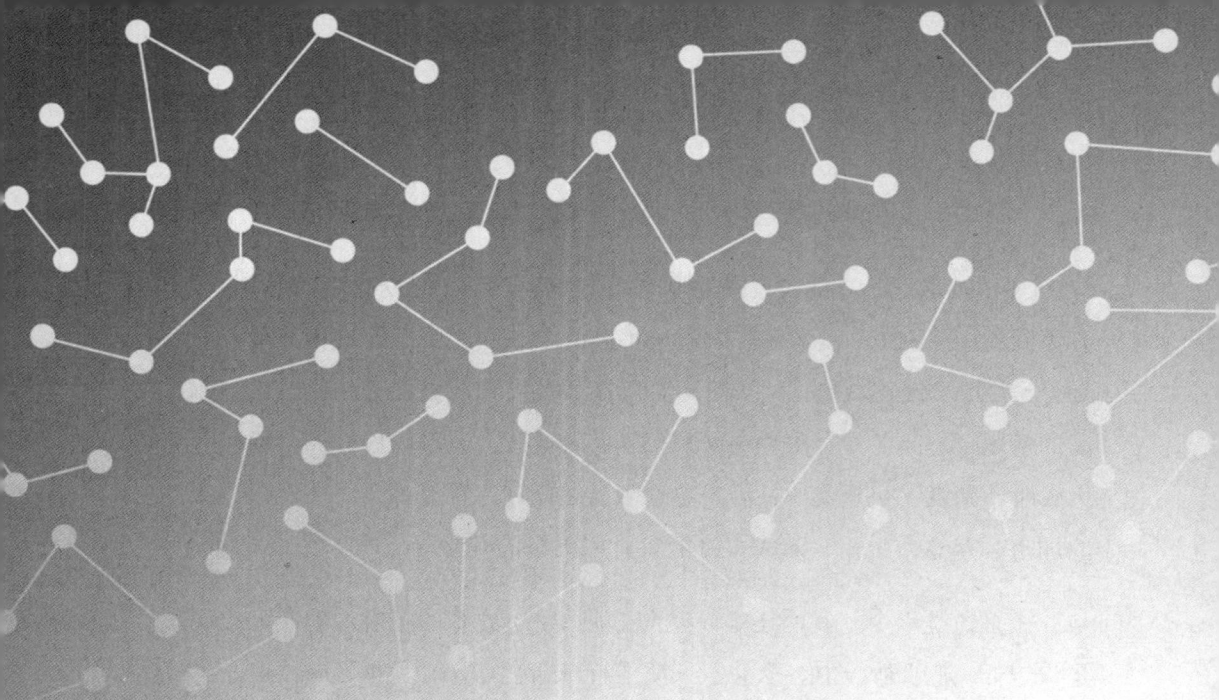

# 后记

## 后记

当《基于标识签名的唯证据构架赛博安全》问世的时候，父亲已经永远离开了我们。本书原本计划是要在 2023 年夏天出版的，终因身体原因未能在父亲生前实现。我对父亲的工作知之甚少，他在职的 30 年除了无休止的出差，留给我们的就是一片空白（保密性）；退休后的 30 年留给我们的是他每天起早贪黑的身影，留给我们的就只有一知半解（专业性）。只看到他的退休生活一路坎坷，但还是一路坚持，直到弥留之际，心里都只是对工作的执着和不舍。我收拾他的书桌和电脑，他的文件归档整理得井井有条，我知道他已经对他的事业有了交代，安心地休息了。翻看他写的生平回忆——"现代密码到赛博安全 60 年"（感兴趣的读者，可扫描书末二维码翻阅），这是他对自己的一辈子做的总结，我才了解到除了我心中爸爸的角色以外，他不为我知的精彩人生。父亲来自延边，高中毕业离家时只会说韩语和日语，加入军校后，他义无反顾地投身到破译密码和信息安全这场无硝烟的战斗中，直到走完他轰轰烈烈的一生。

父亲曾经写道：*"悄悄地来到这个世界，悄悄地离开这个世界，越来越多的人这么想，也这么做。活了 80 多年，工作了 60 多年，没有干过几件事，值得回忆的事更没有几件。很幸运，刚好生活在这个多变的时代，一天等于二十年的时代，黑暗和光明同在的时代，看到或经历了很多有用的或无用的事。我遵循'天人合一，顺其自然'，后半生本打算走下坡路的，但也没走成。现在刚好步入生命收尾的阶段，当我回头追忆时，最值得留念的是为了达成密码破译而拼搏的过程，是为了寻找网际安全的'银弹'而冥思苦想的过程，为了道德的责任对所犯错误反思的过程。我自我觉得最终实现了'不因碌碌无为而悔恨'的人生信条。不过孔子说过 70 知天命，但我 80 还糊涂。郑板桥的'难得糊涂'，也许是对我人生的褒奖。人生哲理与科学探索不同，不一定事事都要明辨是非，得过且过为好。但是在科学探索的道路上，公道是要讨回的，连公道都不能捍卫，就不配戴上解放军老兵的光环。"

父亲在退休之后一直致力于CPK的研发和信息安全的研究和推广，陆陆续续出版了七本专业著作（见书末生平著作），囊括了从CPK组合公钥的发明到未来赛博安全发展的全部专利技术和应用。这本《基于标识签名的唯证据构架赛博安全》作为他一辈子事业的收尾，为他在我国信息安全道路上的耕耘画上了完美的句号。"现代密码到赛博安全60年"详细地描述了他60年工作的真实情况，因此会涉及很多的真人实事，我违背了他要"如实回忆"的初衷，规避了一些保密内容和隐私，做了相应删减。

父亲曾经说过："一个人既然来到这个世界，总得考虑一件事——我给这个世界能留下什么。这只是一个朴实的提法，实际上这是一个涉及人生价值观的非常复杂的问题，因此我主张一个最简单朴素的要求，就是干什么事都要踏踏实实地干，也就是实现共产主义的前半句——各尽所能。能力有强有弱，水平有高有低，成绩有大有小，都无关紧要，重在努力过了没有。"

作为家人，父亲能摆脱病痛安静地休息，我们感到很欣慰。随着这本书的出版，他奉献一生的事业全部囊括在这八本著作中，毫无保留地奉献给了社会。如果信息安全创新领域在此之后，能够不只停留在理论上，而是广泛地应用和推广，造福于世人，才是对他最好的告慰。

女儿　南宁
2024年3月于北京

1. 网络安全技术概论（A Profile to Network Security Techniques），国防工业出版社，2003 年出版。

2. CPK 标识认证（Identity Authentication based on CPK），国防工业出版社，2006 年出版。

3. CPK 密码体制与网际安全（CPK-Crypotosystem and Cyber Security），国防工业出版社，2008 年出版。

4. CPK 公钥体制与标识鉴别（CPK Crypotosystem and Identity Authentication），电子工业出版社，2012 年出版。

5. *CPK Crypoto-System and Identity Authentication: Basic Technology of Active-Management（CPK 公钥体制与标识鉴别——自主管理技术基础），人民邮电出版社，2012 年出版。

6. 组合公钥（CPK）鉴别系统——自主可控虚拟网络构架，科学出版社，2018 年出版。

7. *CPK Solution to Cyber Security: Theory and Practice（CPK 通向赛博安全之路：理论与实践），电子工业出版社，2020 年出版。

现代密码到赛博安全 60 年

注：标*为英文著作。

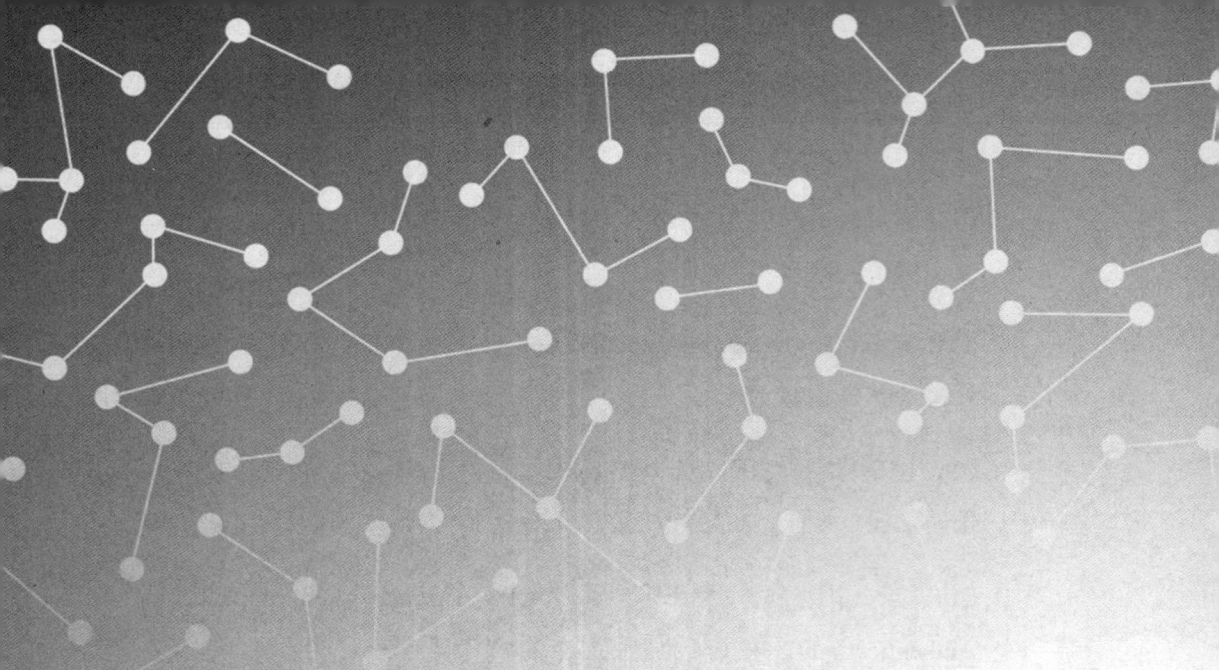

# 生平著作